餐桌的力量

真情、用心、知味，
四十年不變的欣葉食藝學

出版序

欣葉，台灣人的驕傲

認識李阿姨的時候，我還是媽媽後面的小跟班，李阿姨後面也有一個小跟班——鴻鈞，記得在無數次餐聚的結束時刻，李阿姨談到欣葉的訓練，都會要鴻鈞當場表演一下——欣葉標準清潔桌面的方法。而鴻鈞總是身著西裝，面帶笑容，拿起抹布，甘心地配合母親，驕傲地做著示範，這就是我印象中的鴻鈞，跟我一樣：媽媽身後的跟隨者。

而不同於鴻鈞，第一次見到鴻杰（韋進），是在很久後的正式宴會裡，穿的很得體，像位金融家一般，後來才知道，他那時負責公司的財務調度。原本學商的他，個性也比較嚴謹，相對於鴻鈞，兄弟倆個性、喜好完全不同，外人初次見面，實在很難想像他們其實是兩兄弟。

阿姨對他們倆的期待也不相同，沉穩、對於數字很敏銳的鴻杰，從早期負責公司的採購，控制成本，到後來負責面對銀行，斤斤計較於利率、手續費，專注於節流，替公司省下難以計數的費用，轉換成公司的龐大獲利。而好動的鴻鈞，早期跟在媽媽背後，學習餐廳裡的大小事，跟大師傅、內外場工作人員及客戶，建立起良好的關係，並將母親的特質，變成自己的個性，在三十多年擔任總經理的重擔期間，勇往直前，開展多業態的經營模式，包括「金爸爸」、「唐點小聚」到「Dancing Crabs」的引進，再再看出鴻鈞領導的業務團隊，替欣葉餐飲集團為台灣美食文化帶來多少驚喜。

這本書的出版，是記錄著一段台灣人的驕傲，一個勇敢的女人，憑著自己堅毅的精神，帶領著一群肯努力的人，經過不斷的努力，創造出了一個餐飲王國，是真正台灣人的奇蹟，也為子孫後代，建立了典範。

程顯灝

四塊玉文創發行人
程顯灝

推薦序

欣葉的美味是人與人之間流動的愛

談到台菜，欣葉這家老字號餐廳大概不少台灣人都耳熟能詳，從清粥小菜、家常料理、酒家菜到宴客海鮮，皆是令人口齒留香的記憶，近年來更多角化經營，展店亞洲。為什麼欣葉的美味能傳承將近半世紀，仍然受到客人歡迎？我想，不單純是因為菜色好吃，更多是因為其中蘊含的人情味。而在這本書裡，我更加清楚地得知了很多關於欣葉茁壯背後的心路歷程，透過李秀英董事長與鴻鈞的故事，我再次深切地感受到一個企業的精神與文化，深深影響著整體發展。

我認識執行董事李鴻鈞很多年，在他學習關係動力學的這一路上，看見他的成長與轉變，是很寶貴的，二〇一一年，欣葉集團引進「關係動力學」定期舉辦工作坊，集團內部副店長以上夥伴分批投入學習處理關係，轉化矛盾內耗為相互扶持。

餐飲是人的事業，但對於企業經營來說，「人」一直是最難的課題，許多企業遇到了困境，都是在與人的關係處理上出現了問題，尤其對於家族企業來說，中間難免會穿插情緒糾葛，往往導致衝突、爭執、對立此起彼落，很多企業因此停滯不前，但欣葉卻能漂亮地往前邁步，我想，董事長的願意與鴻鈞的改變是很重要的契機，而他開啟了企業內部「對話平台」，讓員工能「說真話」更是重要關鍵。

「對話」是處理關係的一把重要鑰匙，過去幾十年來，我在教學現場、企業組織中處理過大量的關係困境，發現到有品質的對話才能帶來好的關係，處在關係中的人才會開心。但企業內部要能夠「說真話」是很不容易的，有時候一個不小心就會引起對立，然而，當「系統中一個人改變，整個系統就會跟著改變」，領導人身先士卒改變，從願意傾聽做起，激發員工的信任與歸屬感，進而打造出「用心，無所不在」的組織文化。

在《餐桌的力量》一書中，可以看見欣葉如何屹立四十多年的美味故事，「有情、用心、真知味」蘊含著人間美味，也涵容著用心與人交流的點滴。透過閱讀本書，能看出餐飲業真是造福人群的修煉道場。

開平餐飲學校暨關係動力學院創辦人
夏惠汶院士

推薦序

有情、用心、真知味的欣葉美味

「欣葉」是我最愛也最常去的餐廳，二十年前和鴻鈞結交好友，時間飛快，沒想到今年「欣葉」已經四十歲了。在這裡，我恭賀她「持續創新，永不顯老」迎接輝煌燦爛的下個四十年。

《餐桌的力量》非常細緻真誠地敘述了創辦人如何創業，創品牌、革新改變、邁出國門異地展店，待心、待人、待客人的種種小故事，可以學習到許多如何成功與如何面對挫折的經驗，除了讓我更佩服李董事長一路走來始終如一的態度，及面對困難克服挑戰的勇氣外，相信可以讓很多人學習了解到如何開創一個品牌，並且讓它保持歷久不衰，又如何轉型從一個家庭餐廳買賣，升級至一個國際餐飲品牌的歷程。這本書不只敘述了成功的一面，也講述了如何面對挑戰，甚至挫折省思的心得，全然分享，非常難得，也非常欽佩。

我認識的欣葉阿嬤，她總是開朗地激勵年輕人，見到我總是叫我「殺雞的！」，跟她在一起總覺得「有勁」。記得她以九十歲高齡搭上飛行傘的經驗，樂觀、不畏難、願挑戰，都給我很大的啟發。

「有情、用心、真知味」是欣葉的經營理念，從李董事長身上也可以完全看到這七個字的實現。董事長將台灣的小吃，加上酒家菜，融合從大陸來的各地菜系，造就出台灣的宴席菜，讓台菜在中華料理中也能佔一席之地。她的求新好學的精神，八十歲依然如此，遠勝過一般的年輕人，更是我更佩服的地方。對人的真誠、大量，也是我們學習的榜樣。

欣葉從「真美味、優服務」開始，進而升級到系統改革，到團隊組建專業培訓、同仁的心靈及默契的提升，一步步往多品牌，多區域的餐飲王國前進，我們有幸能與欣葉合作，一起在大陸開展台菜推廣，目前在廈門與青島都有餐廳，希望未來可以讓更多人享受到「有情、用心、真知味」的欣葉美味。

加油！相信這個品牌，未來會更光更亮，欣葉生日快樂！

大成集團副總裁
韓家寅

目錄

第一篇

有情，成就一切

四十年前，三十六歲的李秀英一手創辦了欣葉，今年八十歲的她精神依然抖擻，帶領全體員工賣力向前，有情，是她成就一切的祕訣。

這裡說的有情，有雙重涵義，第一重，指的是帶有情識的眾生，主要指人；第二重，說的是待人處事要放真心與真感情。

因為，有人才能成就事業，有情則能圓滿一切。

目錄

第二篇

用心，無所不在

職業和專業，最大不同在於用心。
開餐廳與經營餐飲事業，成功與否的關鍵也存乎一心。
用心，幾乎是所有成功者攀上高峰的必要條件。
因為用心，才會處處關心，從細微處著手，小自擦一張桌子，大至運籌帷幄，
決勝千里之外，唯有用心，能讓平凡變得不平凡。

目錄

第三篇

食藝，真知味

李秀英、陳渭南、鐘雅玲，分別是欣葉的董事長、台菜料理總監及副董事長。三人共事四十年，緊緊守護欣葉的美食傳承，宛如餐廳的美味守門員。對於美食，三位守門員各有不同詮釋，李秀英說要好吃、有幸福感、細緻；阿南師定義美食必須好吃、有故事、口齒留香；鐘雅玲的美食字典裡不但要好吃、有變化，還要能賺錢。

除了好吃是唯一共識，終生不變的熱情和不斷追求更好的企圖心，才是三位守門員對美食一致的堅持與承諾。

第一篇

有情，成就一切

四十年前，三十六歲的李秀英一手創辦了欣葉。
今年八十歲的她依然精神抖擻，
帶領全體員工賣力向前。
有情，是她成就一切的祕訣。
這裡說的有情，有雙重涵義，
第一重，指的是帶有情識的眾生，主要指人；
第二重，說的是待人處事要放真心與真感情。
因為，有人才能成就事業，有情則能圓滿一切。

三月天，乍暖還寒，空氣中水氣豐盈，彷彿稍用點力氣，就能憑空掐出幾滴水來。這個季節草木飽受潤澤，生氣格外勃發，衝得高，更長得快。

我們選在這個充滿生機的月份造訪李秀英，因為三月是欣葉的生日，而今年，欣葉正好四十歲。

四十年前，三十六歲的李秀英一手創辦了欣葉台菜。

四十年後，八十歲的她，依然精神抖擻，生活節奏規律：早上六點半起床，簡單梳洗後，先在住家附近散步，再到北投泡溫泉，之後就準備整裝上班。

至今仍然喜歡上市場的李秀英，如果當天公司沒有要務待處理，她會先去市場晃晃，這是開設欣葉之後養成的習慣，雖然餐廳早已不需要她負責採買，但是愛逛市場的習慣一旦養成，就像種子發了芽生了根，苗芽一路往上攀升，根則深深扎進心底。

李秀英回甘的人生

李秀英說：「逛市場可以滿足我那顆永遠好奇的心，發現市場上有什麼新鮮的食材，是非常快樂的一件事。」

天母的士東市場和濱江市場是她最常逛的兩個大市場，每個攤位間轉一轉，找到任何新奇又新鮮的食材，都會被她打包帶回辦公室的「傳藝廚房」。在這個實驗廚房裡，她和廚師們經常進行著各種有趣的美食實驗。

前幾天，她和小兒子李鴻鈞出外踏青，野地裡發現了茂長的鼠麴草。這種在春分前後綻開小黃花的菊科植物，是清明節人們製做草仔粿的材料之一，又叫清明草。李秀英馬上想起自己小時候愛吃的厝角粿，二話不說俯下身來採摘，她和兒子合力採了好多鼠麴草，回到傳藝廚房復刻厝角粿的滋味。

李秀英說：「用鼠麴草做的厝角粿，味道不同於用艾草做的艾草粿，有一股特別的清芬氣味。」

厝角粿美味，製作起來卻煞費工夫，李秀英記得小時候看媽媽做厝角粿，採回來的鼠麴草先要挑去老葉雜枝，清洗乾淨後，鋪平晾乾，再加水煮過殺菁，撈起擰去水分後剁細。「煮的時候可以擱少許糖，把鼠麴草蜜起來。」她記得分明，「通常一大捧鼠麴草，煮過之後只剩一咪咪。」

然後，媽媽開始浸泡圓糯，磨出米漿，再榨去水分揉成粉糰，先取一小塊和入開水煮熟成「粿脆」將粿脆、生麵團和剁碎的鼠麴草泥攪和均勻，揉出綠色的粿皮。這時候才另用菜脯、蝦米炒製內餡，最後以粿皮包餡炊製，這樣遵古法製作出來的厝角粿，食來特別Q韌，樸實單純的餡料正好突顯出鼠麴草的清香，是現在愈來愈不容易吃到的單純滋味。

這一天，李秀英和兒子坐在一起品嘗厝角粿，討論著可以用什麼方法重現這種古早糕點的質樸之美，說得興起，李秀英又想出好多新點子。她的腦海裡似乎終日圍繞著各種關於食物的想法，此起彼落，有如剛啟封的香檳，清新氣泡直冒。

前陣子她在傳藝廚房做果醬，選用美人柑的皮，對上部分果肉，加糖熬製，熬煮的關鍵在「皮要多，果肉要少，否則汁液太多，不易收濃。」

「果皮中有精油，皮多肉少的配比，做出來的果醬才夠香。」她總是做著各種試驗，不厭其煩一再嘗試不同配比，直到試出完美比例。此外，李秀英說：「橙皮不但芬芳，對身體也好，美人柑果醬除了塗麵包，感冒喉嚨痛的時候也可以沖熱水飲用。」

「不怕橙皮苦澀嗎？」我好奇問了一句。

沒想到李秀英給了一個非常令人玩味的答案。

「我喜歡吃苦！」她微微笑了起來：「人要吃苦才能領會回甘的美好。」

攝影／陳牆

第一章

點點滴滴累積而成的欣葉

我好奇愛玩，更愛工作，這一生最怕的事就是閒下來，一閒下來就會生病。所以我總是告訴別人：「我不能退休啊，一定要找點事來做。」不知道是不是因為愛工作的關係，我很早就開始工作，小學時候幫著養母到市場批菜，每天清早四、五點起床，批完菜之後再把賣相差的菜葉挑出來，拿回家自己煮來吃。

我天生愛做生意，小學時候已經懂得擺攤做起小買賣，當時客廳有張日式方桌，下課之後，我把方桌搬到門口變成展示櫃檯，擺上青菜、糖果、餅乾、李仔糖、豆乾和抽牌，吆喝左鄰右舍的小朋友光顧。夏天，我賣冰棒，冬天改賣碗粿。為了賣冰棒，我還用榔頭和木板，自己敲敲打打，釘出一個裝冰棒的木桶。

告別楊秀子，改名李秀英

我是台灣光復後第一屆接受國民教育的學生，小六快畢業的時候，班上的同學們紛紛著手準備升學考試，因為家裡窮，我自知升學無望，但是當時我就讀的延平小學校長江火龍，非常鼓勵我繼續升學，為此還特地跑到家裡遊說養母，讓我繼續升學，甚至承諾幫忙支付學費。

面對校長的好意，養母也很無奈，她告訴校長：「厝內實在欠錢，吃飯都成問題了，怎麼有餘力讀冊？」校長走了之後，養母回過頭來安慰我：「女孩子不需要讀那麼高的學歷，還是趕快找個工作比較實在。」

江校長不但鼓勵我求學，還幫我改名，我現在叫「李秀英」就是他取的。當他確定我無法繼續升學，忍不住深深嘆了一口氣：「妳怎麼這麼歹命，不如換個名字改一下命運，讓妳好命一點。」一聽能改好命，我想那太好啦！就跟著校長到區公所把名字改了，沒想到校長連姓都幫我改掉。

改名這件事，我沒有事先告訴養母，也沒有知會生父。過了兩天，生父知道後勃然大怒，氣到好一段時間不想理我，他說：「妳改名也就罷了，竟然連姓都換掉，妳不是楊家人，別再回家了。」

從楊秀子變成李秀英，有沒有變得比較好命，我不敢斷言，但改名讓我擁有平生第一雙鞋，倒是貨真價實的快樂。

在那個鞋子還是奢侈品的時代，大部分同學都打赤腳上學，我也不例外。放學後，和同學赤著腳從延平北路一路走到中山北路，踩著田埂，沿路撿田螺、抓泥鰍，雖然光著腳丫一樣笑得很大聲。但是到了冬天，無鞋可穿的腳就痛苦了。

校長陪我前往區公所改名那天，正逢嚴寒冬季，我的一雙赤腳凍得紅通通，校長看了不忍，回程路上順道買了一雙鞋送我。那是我生平第一雙嶄新的鞋子，現在回想起來，江校長可以算是我生命中的第一個貴人，他對我的疼惜之情，我始終銘感在心。

小學畢業之後，我開始工作，年紀輕輕就開創自己的事業，用工作彌補了當年無法順利升學的遺憾。人生就是如此，不會事事順心，也不保證總是一帆風順，但有時候我們在某個地方損失的東西，老天爺會在下一個轉角補償給你，我想「失之東隅，收之桑榆」大概就是這個意思。

不打折，才是對客戶恪守的信用

我的第一份工作，在太平洋電線電纜工廠當女工。當時我是這麼想的：沒辦法繼續讀書沒關係，只要有錢賺就好了。我賣力工作，每天加班，一天幾乎工作十多個小時，經常做到手指皮破血流。工作縱然辛苦，但只要想到每個月有薪水，拿著紮實的薪水袋，內心就無比快樂。

在電纜工廠工作兩年多之後，手邊有了一些私房錢，十六歲，還沒有成年的我，已經萌生開店做生意的念頭。只是做什麼生意好呢？思來想去，我把腦筋動到親生父親身上。

我的原生家庭孩子多，食指浩繁，在那個生活不易的年代，媽媽懷到第五胎的時候，父母私下決定，如果這一胎生出來又是個女兒，就送給他們的好友——一對無法生育的夫婦撫養。

因此當我還在媽媽肚子裡的時候，已經注定了日後成為養女的命運。我比較幸運的是，養父母雖不富有，卻對我很好，又因為他們跟我的親生父母是好朋友，我和原生家庭一直保有聯繫。

我的生父楊邦山，早年在太平市場裡賣雜貨，他做的菜脯非常好吃，名氣不小，人人喚他「菜脯山」。父親開了一間柑仔店，專賣南北雜貨。他是「古意人」，做生意一板一眼，老實到近乎古板。他給客人的斤兩非常實在，客人買一斤，他絕對給足十六兩，不會多也不會少。正因為他不偷斤減兩，遇到客人討價還價，他也絕對不打折扣，爸爸認為，「我有秤足給你，你也不要少給我，我已經賺很少了，所以你也不要殺我的價錢。」

當時客人來店裡買小管，有些人會趁老闆秤完之後，再多抓一、兩隻放進袋裡當「沙比士」，有些店家睜一隻眼閉一隻眼，總覺得和氣生財。我的父親不來這一套，遇到這種客人，他毫不客氣再把那一兩隻小管拿回來，然後告訴客人：「我不能多給你，因為我的利潤已經很少，我秤足給你，你再多抓這一兩條，我就要賠錢了。」

父親這種實事求是的做法沒有錯，卻不符合消費者心理，有些客人覺得他小氣，有一陣子他的柑仔店客人愈來愈少，幸好他始終秉持公道做生意的原則，菜脯又很好吃，生意還算差強人意。我想創業，開柑仔店的父親，是我能想到的第一個求助對象。沒想到當我硬著頭皮，請教他生意之道的時候，卻換來一頓罵。

當時父親問我：「我問妳，妳的店要開在哪裡？」

我說：「我想開在養父母家，這樣不用付房租。」

想不到父親劈頭就罵：「妳好大的膽子，要開在妳家附近，也不想想妳家隔壁是賣醬菜的，他們是我結拜的好兄弟、好朋友，妳要我教妳開店，然後妳店開了，去跟人家搶生意，這樣子好嗎？做人要有良心啊！」

我悻悻然回家，心想：父親不幫我就算了，還扯上隔壁鄰居當藉口，真是傷透我的心，回家這一路上，愈走，眼淚愈多。

等年紀漸長，才漸漸體會父親的處事原則：**做人，要重情重義；做生意，須實在公道。父親的身教，徹底影響我日後做生意。開餐廳後，我追求的正是「實在」和「公道」**。我去採買，店家少秤給我，我絕對不當冤大頭，會據理力爭；但別人要多給我，我也不要，我會退回去。

開餐廳，我也從不打折，因為我的餐廳只賺該賺的利潤，利潤有限的情況下，再打折就要虧本了。這個道理我說給人家聽，很多人一開始都不相信。欣葉餐廳後來有些分店設在百貨公司，除了配合百貨公司促銷打折外，我們一律用請客或招待作為答謝客人的方法。

我覺得，不打折，才是對客戶恪守的一種信用。

一路上的貴人相扶

我相信自己愛做生意，是根植於基因裡的一種衝動。開欣葉之前，我什麼生意都做過：塑膠袋工廠、不動產仲介、西餐、日本料理、烤肉、台菜到酒吧，幾乎都涉獵了。

二十歲出頭，我創業開了塑膠袋小工廠，我敢說全省塑膠袋生意，我是頭幾個做的。當時弟弟懂機器，我就去進口塑膠原料，進了幾十萬元的塑膠原料，生產出一大堆塑膠袋，沒想到根本銷不出去。當時大部分人都使用紙袋，少有人願意買塑膠袋。原以為應該很有前景的事業，沒想到衝太早，鎩羽而歸。苦撐兩年之後，差點因為周轉不靈違反票據法。

創業栽了大跟斗，卻栽不掉我愛做生意的雄心壯志。結束塑膠工廠之後，用賣掉機器和塑膠袋剩下的錢，我另起爐灶，這回看上不動產買賣，為了賣房子，我動手改裝、補水泥、油漆粉刷、換燈泡，什麼都親力親為，為的就是想讓手上的房子賣相好，賣出好價錢。

做了一段時間的不動產買賣，攢了一些積蓄，我自忖還是餐飲業最吻合興趣，於是正式轉向餐飲市場。二十三歲起，我陸續在九條通一帶跟朋友合夥開餐廳，從日本料理、西餐廳、烤肉、咖哩雞、酒吧開到台菜，有些生意雖然做得不錯，但最後不是用人不當，錢被坑了，就是店被酒客鬧場砸了，讓我疲於應付。

幸好在我這一路創業的過程中，身邊一直有一個溫暖的後盾不離不棄，是我的養母。當年我為了讓房子好賣，埋首裝修房屋的時候，經常搞得一身狼狽，養母雖不能幫什麼忙，但她每天都為我準備好便當，讓我沒有後顧之憂。

此外，我這一生碰到的貴人也特別多。

童年時候，住家附近的昌吉街路口有一間新慶豐米店，有時候養母要我去跟米店賒米，來到米店門前的我，因為臉皮薄不敢進去，只好在店門口來來回回踱步，老闆娘看到了就會招招手要我進去，二話不說裝幾斤米讓我先拿回家，告訴我：「等到有錢再來還。」一握著那袋米，我心裡想著有一天一定要好好報答她。後來我開了餐廳，這幾十年來，我一直是這家米店最忠實的顧客。

求學階段，我遇到好校長，為我改名字，鼓勵我繼續向學。連我開塑膠工廠，生意困頓到即將宣告破產，也有貴人伸出援手，當時華南銀行的總經理劉啟光，幫忙讓我順利獲得銀行貸款，解了燃眉之急。

事後我親自去向他致謝，問他為什麼對我這麼好，敢把錢借給我？

劉總經理笑著對我說：「妳膽子真大，這年頭沒有人用塑膠袋，這種生意妳還敢做？我看妳很單純也很拚，妳將來如果還要做生意，就不能打壞信用，我只能藉這個機會幫妳一把。」

人生這一條路上，難免都會遇到阻礙，有石頭擋路的時候，你可以選擇換一條路走，也可以學著把石頭當成自己的墊腳石，讓後來的路走起來更順暢省力。但是對於這一路上給我們溫暖和幫助的人，我們一定要特別感恩，像小學時候的江校長，我始終記得他對我付出的溫暖。開了欣葉之後，很長一段時間，只要新店開張，江校長都是座上貴賓。

日本壽司之神小野二郎曾經這麼建議後輩：「一旦你決定好職業，你必須全心投入工作之中，你必須愛自己的工作，千萬不要有怨言，你必須窮盡一生磨練技能，這就是成功的祕訣，也是讓人敬重的關鍵。」我深以為然，尤其不要抱怨這一項。

人如果懂得多感恩，自然就會少怨言。多感恩的人快樂多，怨言少的人，人緣好。這是一個自然的道理。我經常想，如果一個社會大部分的人都感恩，那麼這個社會一定會比較祥和。

一生的餐飲緣分

我年輕時拚勁十足，但我這個拚命三娘，事業運勢並不順遂。

一九六五年，我在雙城街開了間酒吧，當時那一帶大多是一層樓的日式平房，只有我們開店的二十六和二十四號是四層樓房，一樓開酒吧，愈晚愈熱鬧。隔年，附近開了統一飯店，客人更加踴躍，老外來得尤其殷勤。我開的酒吧不陪酒，只提供讓人喝兩杯的空間，但酒客喝多了，難免擦槍走火，砸店鬧事在所難免，生意雖好，精神壓力卻很大，最後只好結束營業。

我跟朋友合作開過好幾間餐廳，甚至從日本聘請師傅掌廚，一開始生意還不錯，不久之後要不是受大環境影響，生意一落千丈；就是碰到員工動手腳，生意明明很好，卻不賺錢。我曾經為了發不出薪水，不得不向哥哥借錢，逼到走投無路，也曾跑到公墓旁放聲大哭，哭完拭去淚水，回家睡一覺，再繼續打拚。那些年陪著我此起彼落做生意的阿嬤（我的養母），有時候會開玩笑故意漏我的氣：「妳怎麼做生意老失敗呢？」

做了好幾種不同型態的餐飲事業之後，我決定暫時先停下腳步。不做生意，對我來說其實是非常難熬的一件事，我經常掛在嘴上的一句話是：「不開店做生意，我就會生病！」說巧不巧，我結束餐廳營業後不久，果然生了一場大病。

某天，我到國稅局報稅，一不小心踩空，從樓梯滾了下來，這一跌不得了，竟然跌成腦震盪，住院兩星期，此後整整一年，沒有工作的我都在生病。這病很奇怪，那段時間我的眼睛特別怕光，白天起不了床，遑論出門，總要睡到日上三竿，等太陽下山，眼睛才能打開，變成名副其實的夜貓子。休養好長一段時間，身體才慢慢好轉。

身體恢復之後，有一天我出門去美容院洗頭，走到雙城街十九巷七號門前，看到一間名叫「金銀島」的餐廳貼出轉讓告示，我看到之後心頭又動了起來，洗完頭之後趕緊回家跟阿嬤商量：「我們來開店好不好？」我告訴阿嬤：「只要開一間小小的店，讓我有工作做就好了，可以三餐溫飽，沒賺錢都沒關係，也許開了店，我的身體就會完全好起來。」

阿嬤非常瞭解我不做事就沒勁的個性，一口答應：「好喔，我陪妳拚了！」

阿嬤的首肯像一顆大力丸，就在我打算頂下「金銀島」重新整裝出發之際，身旁親朋好友聽說我又要開餐廳的消息，紛紛投下反對票，他們不看好的理由是：「這間店面前前後後收掉四次，換了好幾位老闆，別人都做不起來，妳行嗎？」還有人鐵口直斷：「我勸妳千萬別接下這間店面，人家框金包銀都做倒了，妳怎麼可能成功？」

從涮涮鍋到台菜

這些反對意見並未磨蝕我的意志，反倒激起一股莫名的鬥志，我心想：「你們說我做不到，我偏要開給大家看！」於是，我更積極地動員起來，頂下餐廳也跟房東打好租約。

一開始，我想開火鍋店，因為賣鍋不強調廚藝高超，只要熬好湯底，備好新鮮材料就好。當時市場上流行石頭和沙茶火鍋，我不太有興趣，我想要做就要做新的主題，於是選了當時還很少見的日式涮涮鍋。

為打響涮涮鍋名號，我花了一萬元請妹婿幫忙想個好名字，最後定案「呷哺」涮涮鍋。妹婿跟我分析：「呷哺呷哺是日文形容涮肉的聲音，『呷哺』兩個字，閩南語音似『吃補』，也有老饕的意思，有聲音、有動作又有意義，再適合不過了。」名字決定後，朋友建議我去申請專利，當時我覺得沒有必要，沒想到十多年後，「呷哺呷哺」變成日式小火鍋的代名詞。

原本舊曆年前，火鍋店就要開張，我跟廠商訂好可以裝爐具的餐桌，每一張桌子中央都挖好洞，只等裝上鍋具。開幕前幾天，我去巡店，碰到鄰居，鄰居問我：「妳為什麼要開火鍋店？放著熟悉的台菜不做，去賣什麼涮涮鍋，誰知道涮涮鍋是什麼啊？」

回到家仔細思考一下，當時台灣知道涮涮鍋的人的確不多，賣塑膠袋的慘痛回憶又回來了，考慮三天之後，我毅然決定改弦更張，放棄涮涮鍋，重新登報徵求師傅，做回我熟悉的台灣料理。

三月裡，欣欣向榮的葉子

欣葉台菜開在一九七七年三月七日，一個綠意盎然的春天。開幕之初店面不大，桌數不多，是一間小而美的台菜餐廳。當初訂製好挖了洞的火鍋餐桌，依然出現在餐廳內，我們考慮到台菜湯湯水水多，桌上備有瓦斯爐容易加熱保溫，到了冬天還能兼賣沙茶火鍋，可說一兼二顧。

開幕前，為了替餐廳取個好名字，我絞盡腦汁想出三十多個店名來，一直拿捏不定，眼看開幕的日子一天天迫近，會計師頻頻催促：「老闆娘，妳店名不出來，我怎麼去請牌？」不得已只好求助算命師，姓名師傅問了我的八字之後，寫了兩個名字讓我挑，欣葉是其中一個。他指著「欣葉」告訴我：「這個名字跟妳的八字特別合，有剛強、認真之意，用了它包妳賺錢。」

我開心極了：「賺錢好啊！就用這兩個字。」

這時候姓名師沉吟了一下，提醒我：「不過用這個名字，妳要小心顧好肝，平常多去爬山，否則日子久了，肝容易生病。」

「有錢賺就夠了！欣葉這個名字取定了。」年輕時候的我死愛錢，餐廳生意好，錢財滾滾來比什麼都重要，哪裡會在乎肝好不好。加上「欣葉」開在春天，這個名字含有「欣欣向榮，葉葉繁盛」的意象，也頗能呼應這個節氣予人的蓬勃印象。

餐廳順利開張，剛開幕前幾天，幾乎都是親朋好友來捧場，很快滿座，生意看起來果然好極了。正當我慶幸取對名字的時候，榮景消失了，第四天只來了兩位客人，我的心隨著生意上下起伏，每天都像在洗三溫暖。

剛開店的時候，有人笑我們是開在巷子裏的小店，難登大雅之堂。我找朋友一起合夥，卻輾轉聽說朋友私下議論：「李秀英前面開了五家餐廳都倒了，這第六間應該也開不久吧！」冷言酸語聽多了，沒有磨蝕我的志氣，倒激發出我的鬥志，決定不再找人合夥，而是暗暗下定決心，哪怕虧了一棟房子，也要把這間台菜餐廳做起來。

我真的很拚，每天起早趕晚，全年無休，買菜、備料、招呼客人、洗碗到算帳統統自己來，每天忙到深夜，回到家再累我也撐著把當天的帳算完結清，喝點小酒放鬆精神之後，才去睡覺。隔天一大早起床採買，經常忙到只睡一、兩個鐘頭。

但餐廳的生意並沒有因此有起色，有一天店裡又門可羅雀，我想喝兩杯解解愁，又怕客人看到，偷偷把酒倒在茶杯裡。沒想到還是被店裡兩位客人識破，那是一對從加拿大回來的華僑夫妻，他們乾脆邀我一起喝酒，順口問我煩惱什麼？

我告訴他們餐廳生意極不穩定，怕開不久。

他們安慰我：「我跟妳打包票，妳的餐廳一定會成功。」

我很好奇：「你們從那一點看我會成功？」

客人分析：「首先餐廳的菜很好吃，妳的盤子摸起來是溫的，上面看不到指紋，這麼小的餐廳卻能這麼用心經營，一定會成功！」他們還跟我保證，隔一陣子等他們從高雄回來，一定再上門，到時候生意必然會大有起色。

他們的話為我打了強心針，我又提起勁來，託他們的金口，上門客人果然慢慢增加，兩位變四位、四位變八位，過一陣子，那兩位客人再上門時，餐廳已有七成滿，後來幾乎可以滿座，到了第三、四個月，有時候客人還要排隊等候。

開到第七個月，餐廳終於開始賺錢，我發給每天早上陪著我去採買的阿嬤第一份薪水，養母不可置信地問我：「我們真的賺錢了嗎？」

我用力點頭：「真的賺了！」

晨光中，我看到阿嬤的笑容比春陽還燦爛。

開餐廳一刻不得閒，早年服務生趁空班幫忙挑菜，說說笑笑好像一家人。

第二章　欣葉四十年風華

四十年前我開欣葉，定位是台菜餐廳，因為台灣料理是我最熟悉又親切的滋味。但開幕之初，對於台菜究竟賣什麼？內心還是經過一番掙扎。

清粥小菜，宴席料理，台菜吃什麼？

當時的中餐市場，台菜沒有地位，被認為是小家碧玉的清粥小菜和小吃，沒有大菜。至於能展現刀工火候的台式筵席料理，因為受到日據時代酒家文化的影響，被歸類為酒家菜。台菜就這麼被劃成兩大塊不同範疇。

酒家菜可以說是精緻台菜的代表，它的發展跟台灣的歷史和經濟有密不可分的關係。酒家菜開始於日據時代，一路發展到一九七〇年代，見證了台灣商賈仕紳的飲食排場與講究。台灣早年的酒家菜，主要集中在艋舺、大稻埕一帶，從日據時代一路留下來的江山樓、蓬萊閣、東雲閣，還有東薈芳、平樂遊，都是一時之選。

其中開於一九二一年的「江山樓」是箇中翹楚，廚師數目曾多達四、五十人，宴會廳可以容納八百多位賓客，受日本文化影響，酒家內還附澡堂、美容院，用餐席上有藝旦殷勤勸酒布菜。據傳，連一九二三年日本裕仁皇太子來台視察，都曾經是江山樓的座上貴賓，可以說是日據時代台灣官菜的代表餐廳。

早年的台灣酒家菜以福建和福州菜系為主軸，後來店家為開拓菜色，從對岸及香港聘請大廚來台，逐漸摻入廣東料理的影響，由於商務應酬講氣派求排場，一頓筵席索價不菲，酒家菜幾乎都以大菜為主，店家敢於用料，參鮑燕翅、龍蝦、鱉，是必備菜款。一開席先送上四色或八色冷盤，鯉魚大蝦、五柳枝、布袋雞、烤乳豬、佛跳牆、雞仔豬肚鱉（鍋）、通心河鰻、金錢蝦餅、脆皮雞、肝燉、桂花紅蟳、四色火鍋，都是很具有代表性的酒家大菜。

台灣光復之後，酒家逐漸往迪化街一帶發展，尤其茶行、米行、南北貨行集散的迪化街、延平北路，因應附近做進出口生意的大盤商家需要，接續開了白玉樓、百花紅、黑美人，提供大老闆們重要的交際應酬舞台。同一時間，隨著泡湯文化興起的北投酒家菜，也逐漸自成一格。

北投是著名的溫泉鄉，白磺、青磺、鐵磺三種不同泉質提供獨樹一格的泡湯之樂，日據時代大量開採溫泉，開始有了溫泉旅館。光復後，溫泉旅館、料理店和俱樂部林立，溫泉業者為泡湯客開發了精緻的酒家菜，以及助興的那卡西走唱文化。彼時上北投消費的客人，以商務客人居多，談生意、搏感情，排場面子非常重要，這裡的酒家菜雖以台菜為主軸，但融入日本料理與外省菜精華，不但重手工，筵席上的擺盤造型也格外講究，蔬果雕大量應用在餐席上。

一桌筵席，重新定義台菜

我開欣葉之前，中餐市場的主流是江浙菜，台菜並不受重視，大飯店沒有主打台菜主題的餐廳。坊間的台菜餐館賣的多半是小吃，要辦台式筵席，不是到北投、大稻埕一帶吃酒家菜，就是婚禮辦桌或路邊流水席上才有機會吃到。當時有些朋友聽說我開了台菜餐廳，直覺反應都是：「台菜都是些上不了檯面的小吃，請客多沒面子呀。」我聽了有點難過，心想這麼多人愛吃台菜，台菜予人的印象卻如此上不了檯面，真是可惜啊！我實在不甘願台菜只淪為路邊小吃的同義詞。

記得欣葉開幕之初，附近統一飯店的住房客人上門來用餐，希望我們能提供一桌五千元的台式筵席菜，當時菜單上的筵席菜色不多，為了搶下這筆訂單，餐廳打烊後，我拚了一夜沒睡，跟師傅反覆討論，開出一桌精緻澎湃的台式筵席菜單。宴客那天，客人吃得很滿意，賓主盡歡，給了我很大的信心，也勾起我的好勝心。

台菜是台灣人從小吃到大的口味，除了小吃、清粥小菜和酒家菜，還有許多充滿家庭風味的手路菜，它們的交融呈現，才是一張完整的台灣美食拼圖。我希望客人來到欣葉吃飯，不但可以吃到親切的清粥小菜，也能品嘗到精緻講究的筵席菜，還有充滿溫暖媽媽味的家庭料理。為此，我做了一個貪心決定：欣葉的菜單上，這三者統統都要吃得到！這是一條從前沒有人嘗試過的台菜新路線，我大膽踏出第一步，還好後來客人給予的熱情支持，證明我沒有走錯路。

一條沒有人走的路，不代表路上一定荊棘遍布，相反地，它也可能潛力無窮。路，永遠是人走出來的，要學會在荒寂中走出風景。

美食的靈魂：食材挑選與師傅手藝

成就一間成功餐廳的因素很多，菜好新鮮、服務到位、清潔衛生、氣氛情調，缺一不可。其中我覺得最重要，可以稱得上關鍵的，莫過於菜一定要好吃。而菜要好吃，跟食材挑選和師傅手藝習習相關，可以說它們是美食的兩大靈魂。

欣葉四十年來致力提供道地台味，除了保存古早味，也嘗試從傳統出發創新，讓台菜隨著時代腳步與時俱進。在欣葉的菜單上，有不少經典菜是從開幕時候就形成口碑，一路傳承下來的，這些食客口中唯有欣葉才吃得到的獨門滋味，固然是四十年來所有廚房員工戰戰兢兢的努力成果，但欣葉開幕之初，兩位資深台菜大廚

為了維持菜餚的好滋味，一再試菜確認味道是不可少的關鍵步驟。

打下的扎實基礎，同樣功不可沒。

這兩位大廚，一位是擅長做古早味點心的官茂寅師傅，另一位是人稱阿南師的陳渭南師傅，他們為餐廳打造出許多膾炙人口的美味，到欣葉必嘗的招牌菜煎豬肝、古早味糖醋排骨、捆燒河鰻，飯後不可少的杏仁豆腐、杏仁茶、鴛鴦酥，都出自這兩位大廚之手。

早年的欣葉台菜，內場師傅有北投幫之稱，因為領頭的都是北投人，這一點跟主廚阿南師的工作經歷脫不了關係。阿南師十三歲進入餐飲業，見證新北投酒家文化的興衰，在全盛時期，北投的溫泉旅館多達七十幾家，一九七九年政府一紙禁娼令，北投酒家文化開始沒落，正好我想延攬有經驗的台灣筵席料理師傅到餐廳工作。

與阿南師初見面

開幕前三天，阿南師來應徵，我請他煎個蛋給我吃。他問我要了一個杓子，然後一手拿著杓，一手敲蛋，非常俐落地在碗裡打了好幾顆蛋，當下我幾乎已經做了決定：就是他了！我從幾個小細節觀察這位年輕師傅，首先他沒有直接把蛋都打在碗裡，而是一顆一顆先打在杓子裏，這樣就不怕一顆壞蛋搞壞一大碗蛋汁，表示他細心；另外看他單手敲蛋的架式，可以看出他的熟練。吃過他煎的蛋之後，發現連火候也控制得宜，我馬上錄用他。

阿南師果然沒有讓我失望，做菜非常用心，欣葉最有名的煎豬肝，正是他的手路菜（閩南語，拿手好菜之意）。早年，豬肝是高貴營養的食材，古早人取得新鮮豬肝，細細剁碎，加上豆腐、雞蛋後蒸煮，做成軟綿無渣的肝燉；或是和豬肉一同細切，用網油包覆蒸炸成肝花。要不然就是炒麻油米酒，或切片煮湯，吃新鮮豬肝的軟嫩以及肝香。

但這幾種做法有個很大的限制，就是要趁熱才好吃，否則熱騰騰的豬肝上桌，放得稍久，溫度一降，豬肝的口感和香氣都跑掉了，很多客人就擱下筷子不吃了。當時上餐廳吃飯的客人，不乏應酬喝酒的商務客，實在很難貫徹熱菜上桌即食的最高美食要求，因此我把外場觀察到的問題告訴阿南師，請他想想辦法。

認真的阿南師，為了克服這個豬肝一冷就乏人問津的缺點，花了好幾天利用下午空班時間，窩在廚房不斷嘗試。幾天之後，他告訴我找到解決方法了：「以前的豬肝做法，先用醬油調味料醃過，蒸製後切片，吃來總是柴柴乾乾的，即使快炒，泡到湯汁的豬肝比較軟，但露在上面與空氣接觸久的部位，很容易乾硬，我從處理開始著手，結合烹飪手法，雙管齊下克服豬肝口感不一的問題。」

阿南師的方法是先將新鮮豬肝上的白色筋膜去除乾淨，切厚片，用清水不斷沖洗五分鐘，強制排出血水，口感自然粉嫩，因為豬肝裡的血水是造成柴肝的主因。處理好的肝瀝乾水分，用白胡椒、太白粉和香油抓醃一下，迅速過油以大火炸三十秒，為豬肝披上一層護甲，徹底鎖住鮮嫩。這時候才另起油鍋下甜酸味的調料，燒熱後倒下炸過的豬肝快速兜炒，讓醬汁巴附在豬肝外，起鍋前用香油一收就可以上盤。

我試了他親手做的豬肝，又香又軟，外頭裹著一層薄薄的糖化焦香，每片豬肝軟硬一致，即使溫度稍降也依然好吃，恰到好處的甜酸醬香，讓人吃完整盤豬肝也不發膩。不久，欣葉推出這道煎豬肝，果然一炮而紅，至今仍是餐廳的招牌長銷菜。

煎豬肝的成功，說明做料理不能食古不化，必須不斷研究改良，在傳統中吃出新意。我從小愛下廚，開餐廳之後最喜歡的事，就是和師傅們聚在一起討論菜肴，創造新的台菜風味。我跟師傅們說：「古早辦桌都是肝燉、咖哩雞，但是你不能常常做這些古早菜，客人會膩的。」做菜的時候，經典滋味固然不能跑掉，不過組合和呈現方式可以多做變化，讓上桌的菜肴變美，那麼客人每次上門，都會有期待和新鮮感。

我經常舉女人做例子，從孩童、念小學、國中、高中，到大學，每個階段都有不同面貌，由童稚到青春，而後亭亭玉立，女人要有不同的美，就算年紀大了，也有熟齡的風韻。天生的美人胚子就像頂級食材，不化妝也美麗。如果長相不夠標緻，就要懂得裝扮的藝術，擦個粉抹上胭脂，也可以漂亮起來。

這一點，做菜的道理也一樣。

欣葉阿嬤，嚴選食材的採購大臣

好廚師的好手藝，固然為美食掛上保證書，但對於食材的重視及挑選，我認為才是美食的基本面，也是餐飲業最基礎而且重要的環節。

古早，台灣人見面習慣問一句：「呷飽未？」因為吃飽很重要。**但飽有三種層次，一種飽在嘴裡——吃兩口就吃不下了；一種飽在胃裡——因為太過油膩；還有一種飽在肚子，那才是真正的滿足。**

講求原汁原味的台菜，讓人百吃不膩，吃完之後內心感覺非常開心，那種發自內心湧現的飽足感，主要來自食材的自然甘鮮，絕對不是厚重醬料的堆疊，因為醬料只能滿足一時口慾，沒有辦法為身心帶來真正的滿足。

我想提供上門客人真心誠意的美食滿足，因此對食材總是特別要求。開餐廳之初，為了買到最新鮮的材料，我揣著現金上市場，魚、蝦都指明要活的。我跟漁販說：「這些海鮮放進餐廳的水族箱中，如果會游我就買，萬一死了，就要退回去。」廠商說我「搞怪」（閩南語挑剔之意），別人買一斤三百元的魚鮮，我情願多花一些錢買頂級貨。

從前人辦酒席喜歡大碗滿意，做法精不精緻，選料講不講究，反倒不那麼重要。我的想法不同，堅持採用好的食材，以不同的方式搭配料理，主打精緻扎實，而不只求量多。當時欣葉的酒席菜中有魷魚羹，規格完全不同於路邊小吃，我們選用一隻一公斤半左右的大花枝，去頭、去軟骨，將花枝肉反覆攪打成具有彈性的花枝漿，裹上新鮮魷魚條混合製成，而且現點現做，吃過的客人都印象深刻。再講究些，加入干貝，就可以做成更高檔的干貝魷魚羹。

欣葉剛成立時，我身兼數職，外、內場兼顧，除了帶位、點菜、招呼客人、算帳、整理報表，連買菜也親力親為。這一方面固然因為我喜歡逛市場，另一個現實原因是當時餐廳規模小，訂貨量有限，供應商不願意直接把貨送到餐廳來，只好自己採買。

一開始，我和阿嬤兩人一起去市場買菜，後來餐廳生意愈來愈好，開始賣起消夜，忙到不可開交，一天睡兩小時是常事。時間久了，身體無法負荷，採購這個重責大任，逐漸由阿嬤獨自承擔下來。

不只是採購大臣，更是創業能手

當時阿嬤已經六十三歲，依然充滿活力，她是我開店做生意最得力的助手，阿嬤常對我說：「我不識字，只會買菜和煮飯，其他都不會，幫不上妳什麼忙。」但是她懂選材，也會幫忙點貨，不認識字的她，點完貨之後在紙上畫個圈，中間寫個「大」。久而久之，只要看到這個符號，大家就知道這批貨欣葉阿嬤驗收過了，可以放心。

阿嬤對食材的挑剔絲毫不亞於我，為了買到好料，她經常往返好幾個市場。欣葉的滷肉特別有名，那是因為我們對豬肉特別要求，阿嬤為了找到優質豬肉，跑過許多市場。只要聽人說哪裡有好食材，不論路途多麼遙遠，她都會去一探究竟。年輕時苦過來的她，節省慣了，總是一大早提著菜籃去台北橋採買。剛開始提著菜籃走路去，坐公車回來；餐廳生意好了，購買量增加，阿嬤往返都搭公車。等到餐廳擴大營業，採購量愈來愈大，在我勸說下，阿嬤搭公車去市場，回程才招輛計程車搭回餐廳。

當時計程車跳錶，一跳兩塊錢，勤儉已經內建為生命一部分的阿嬤，總是坐車到路口就趕快叫司機放她下來，怎麼也不肯讓車子轉到巷內，直接停在餐廳門口。我問她何必多走這幾步路？她回說：「計程車拐進巷子，就會再跳一次錶，多花兩塊錢，何必呢？」這是阿嬤當省則省的用錢哲學。

欣葉堅持做好菜，除了要求食材好，連一碗最簡單的白米飯也不能馬虎。在那個沒有電子鍋的時代，為了煮出好吃的白飯，阿嬤學習用壓力快鍋煮飯。當時關於壓力鍋因使用不當而爆炸的新聞時有所聞，但是阿嬤不怕，依然堅持每天用壓力鍋煮飯，她說：「用電鍋煮出來的飯，米飯是躺著的，但是在快鍋高壓力下煮出來的飯，米粒都站起來了，飯特別香，也特別Ｑ。」

又Ｑ又香的白飯雖然是件小事，但是欣葉開幕之初，這件小小的事卻讓很多客人津津樂道，他們稱讚：「欣葉的飯煮得特別好吃！」就這樣阿嬤從一天煮一鍋、兩鍋白飯，隨著餐廳生意愈來愈好，最後一天要煮上四十鍋白飯。阿嬤每天固定在餐廳對面的宿舍煮飯，煮好了再端到餐廳。問她為什麼這麼費事，何不直接在餐廳煮？

阿嬤說：「宿舍的電費比餐廳營業用的電費便宜呀！賺錢不容易，當省就要省。」

在我這一條創業的路上，阿嬤是非常重要的舵手，無論我做什麼，她永遠陪伴在我身邊，默默支持著我，雖然她總是謙虛地說：「欣葉全靠董事長在前面打拚出來的啦，我不過是站在後面為她推車的人。」其實如果沒有她的陪伴和支持做後盾，我的創業路不會走得這麼安心，如此無懼。

阿嬤雖然不是我的親生母親，但我們的感情卻比許多母女還要親，因為她的無私付出，最後成為欣葉的精神領袖，大家稱呼她——欣葉阿嬤，她也是欣葉這個大家族的歡樂泉源，任何場合只要有她在，笑聲必定不斷。

總是閒不下來的阿嬤，身體一直很硬朗，頭腦更是清晰，欣葉網站上曾經貼著一張阿嬤九十歲的時候參加高空飛行傘的照片，我記得那一天我們全家去萬里拜訪朋友，當天天氣很好，朋友順口問我們有沒有興趣試試萬里著名的飛行傘？乍聽提議大家面面相覷，個個興趣缺缺，只有九十高齡的阿嬤興致勃勃喊說：「我要玩！」結果那一天為了陪阿嬤，大家都去玩了飛行傘，我始終記得滑翔在高空的阿嬤，開心又興奮的表情，那種敢於嘗試的勇氣連許多年輕人都比不上。

九十歲的阿嬤體驗高空飛行傘，勇氣活力十足。

退休後，阿嬤依舊每天上午十點到餐廳幫忙挑菜，餐廳午休了，她就去巡廁所，看看水、電有沒有關好，她說自己是欣葉永遠的義工，不支薪也要來幫忙。每年舊曆新年，欣葉員工都會收到阿嬤發的紅包，她總是這樣告訴大家：「大家來到欣葉，就像上了同一條龍船，船要跑得快，需要大家同心協力用力划，欣葉不只是董事長和阿嬤的，員工有份，師傅也有份。」

偶爾阿嬤也會在開會時上台鼓勵大家：「菜要顧好，人客（閩南語，客人之意）要招待好，年頭省，年尾才能拿紅包。」

這位永遠的義工一直工作到九十六歲，有一天不小心在家摔了一跤，把右腿摔斷了，才不再天天到公司。她腿傷期間，我每天用雞爪燉多種蔬菜煮湯給她喝，希望豐富的膠原蛋白能強化她的腿力。

後來她連胃口也變差了，我想提起她的食慾，特別邀請親朋好友到欣葉本店來陪她用餐。知道從小苦過來的阿嬤愛錢，我哄她說：「妳每天來店裡吃午飯，我每天發薪水給妳。」為了拿一千元，阿嬤打起勁天天到餐廳用餐，看到人多，喜歡熱鬧的她胃口也開了。

阿嬤活到一百零一歲才離開，這些年我經常想起她，想起母女相依相伴走過的大半生。她的勤儉、樂觀、踏實、溫暖和豁達，一經一緯織進欣葉的生命裡，不知不覺也變成企業精神的一部分。

好口碑，帶來更多客源

欣葉開幕七個月之後開始賺錢，餐廳每天座無虛席，當時正逢台灣經濟起飛，日本來台灣觀光客逐年增加，活絡的景氣，帶動交際應酬的頻率，也連帶助長了整個餐飲市場的繁榮。

我當年經營餐廳有幾個原則，一是絕對不欺騙客人，二是不打折，三是不打廣告。我一再叮囑服務人員，為客人推薦菜色的時候，不能一味只推昂貴的菜肴，必須視客人的預算及需要，做最適切的推介。我告訴他們：「別以為客人傻，你只能騙他一次，一旦客人發現你在騙他，下一次他再也不會上門了。」

不打折是延續當年父親給我的啟示，做生意必須童叟無欺，因為餐廳不扣剋食材，所以我們也沒有多餘利潤再打折給客人，但是我們會在餐後為每一位客人送上一份花生麻糬及老人茶表達謝意，一方面為這頓美好餐食畫上完美句點，同時也有提醒客人餐宴已經結束的隱含意味。這道只送不賣的麻糬，在無形中幫我們增加了不少翻桌率。

不刊廣告開發客源的堅持

早年欣葉很少刊登廣告，但我有其他行銷的手法，當時經常有日籍客人或觀光客坐計程車上門，我交代外場準備好便當，送給每一位載客來的計程車司機，一方面慰勞他們的辛苦，另方面也謝謝他們幫欣葉帶來客人，因為這個舉動，讓很多計程車司機變成欣葉的活廣告，下次有客人問他們哪裡可以吃到美味的台菜？他們一致推薦欣葉，為餐廳帶來更多客源。

欣葉台菜很快在業界建立起口碑，許多企業老闆招待外國客戶品嘗台味，紛紛捨酒家菜，轉到欣葉來。包括當時華國飯店蔡紹華董事長、統一飯店莊清泉董事長、大同公司林挺生老闆，以及從事進出口業務的台北花苑林秀德董事長，每次接待客戶先想到的都是欣葉。尤其有地利之便的台北花苑，林秀德常常在這裡招待日本客人，有時一天進出兩、三次之多。

餐廳生意太好，小小店面不到一年就不敷使用，雖然開幕之初我跟阿嬤說過：「只想開一間小小的店，可以三餐溫飽就好。」但每天看到客人來到餐廳門口，店內滿滿都是人，客人不耐久等又走掉了，我既捨不得又覺得抱歉，正好隔壁店面空出來，我就想辦法買下，沒多久餐廳又爆滿，只好想辦法繼續拓點，欣葉的規模比起初開幕時，已經擴大好幾倍。

做餐廳本是兩頭班，從中午忙到晚餐結束，但欣葉所在的雙城街一帶原本就是座不夜城，白天商業繁忙，到了晚上更是燈明火熱，笙歌夜舞不輟。附近不但飯店、酒店、俱樂部多，舞廳、夜總會的數量也不少，很多飯店、夜總會、舞廳的客人，都會上門來用餐，從不放棄任何生意機會的我，經常也會跟著客人到附近飯店、夜總會、舞廳發送名片，積極開拓客源。

在那個以外銷為導向的年代，談生意，吃飯喝酒是應酬之必要，外國商務客來台洽商，通常會在公司開會討論，開完會大家找間餐廳吃飯，生意就在飯席間慢慢談，談不完續攤上酒家再議，通常大家從酒家踏出來時，已經夜半三更，這時候肚子又餓了，就想吃點消夜畫上完美句點。正好這時候附近舞廳也散場了，跳舞跳了大半夜的舞客，深夜時分也想吃點東西，在這種消費背景下，欣葉開始增加消夜場時段。

關起門來吃消夜

那時候台灣還處於戒嚴時期，晚上十二點過後依規定不能營業，但所謂「上有政策，下有對策」一心只想拚經濟的商家各有因應策略。欣葉的方法是：一過十二點就把店門關起來，讓客人在店裡繼續吃飯，因為怕被警察發現，我們在門上挖了個小洞，有人敲門，服務生先從洞裡往外張望一下，確定不是警察才敢開門。

後來，我們還在門外派了衛哨，當時的總務主任財爸——陳連財，和我的堂弟李常飛，做了近十年的哨兵，每天過了午夜便站在門外把風，他們研發出一些暗號，以便跟門裡的服務生互通訊息：如果客人上門，叩叩兩聲表示可以開門；萬一警察來了，一陣砰砰砰拍擊聲，門裡的人就知道警報響了，說什麼也不會貿然開門。

那個年代沒有手機，負責站崗的財爸在門外遠遠看到警察走過來了，會趕快打公共電話到餐廳，發出警示。負責內場管理的鐘雅玲，一邊指揮服務生，一邊還要隨時注意電話鈴響，電話剛剛響起第一聲，馬上接起來，免得警察走過門外聽到鈴響，發現店內還在做生意。

欣葉的消夜生意一開始就非常好，不少熟客在午夜時分到此吃消夜，經常在人聲鼎沸中碰見老朋友。台北花苑林秀德董事長，有一晚在餐廳招待國外客戶吃消夜，一進門就發現幾位日本同業也在欣葉吃清粥小菜。日籍死黨一見到他就大喊：「太巧了！我們來台灣，怕打擾你，又怕你破費，想趁半夜偷偷躲到欣葉吃飯，沒想到還是被你遇上。」

客人對於被關在門裡吃飯，好像一點也不介意，反而覺得非常有趣，他們形容有一種貓抓老鼠的刺激感，以及躲貓貓的趣味。但這樣日日諜對諜做生意，再小心翼翼，仍不免有掛一漏萬的時候，偶爾還是會被警察逮個正著。

有一次我們又被警察抓到在宵夜時段做生意，警察指著我的鼻子警告：「李秀英，妳知不知道妳已經名列在中山分局的黑名單上了？」中山分局有一任分局長，更曾對我嗆聲：「我不抓到妳把消夜場收起來，我就不做分局長！」

多年來提心吊膽做著消夜生意，即使一九八八年政府全面解嚴，從此不用再關門賣消夜，但餘悸猶存的我，每晚到了午夜十二點，還是想把鐵門再緊緊關上。經過好一段時間，為了吸引客人上門，也避免入夜後餐廳附近出入份子複雜，我才請人把店裡和門口的燈光打得透亮。我想：亮敞敞的，黑道就不敢來亂了。有些客人吃完消夜步出大門，一時不察，

還以為天亮了呢！

這一波消夜場榮景，約莫持續了十多年，一直到一九九〇年後，台幣升值，台灣的外銷訂單下挫，商務客少了，又逢政府取締酒駕，加上娛樂生活型態轉變，KTV取代卡拉OK，KTV中開始供應餐點，客人不再需要續攤到餐廳吃消夜，諸多因素交互影響，欣葉的消夜生意大不如前。

當年到欣葉吃消夜的客人，年齡層多集中在三十到五十歲之間，吃消夜的目的以應酬宴客居多，由於多是商務客戶，對口味和菜色皆有一定要求，消費金額不算便宜。一九九〇年後，台北市復興南路的清粥小菜街興起，成為另一波消夜場主流，到這裡吃消夜的客層比較年輕，用餐氣氛輕鬆隨興，自助取拿的模式更自由，客人對菜肴的口味也不那麼講究，消費金額相對便宜許多。

欣葉的消夜場沒有因為警察抓而消失，卻因為市場改變了，最後悄悄走入歷史，這就是市場定律——沒有永遠的榮景，也沒有下不來的高峰，我們必須爬過一個又一個的山峰，迎向一波又一波的浪頭，只要活著，就要勇敢往前走。

一扇窗隔出餐廳內外場的兩樣風情。

第三章 餐廳，沒有劇本的即興劇場

幾年前觀看紐約導演為日本壽司師傅小野二郎拍攝的紀錄片，這位在料理界淬鍊七十多年終成神人的資深壽司師傅，對著鏡頭娓娓道出：「一直重複同樣的事以求精進，我會繼續向上，努力達到巔峰，但沒有人知道巔峰在那裡，即使到我這個年紀，工作了數十年，我依然不認為自己已臻至善，但我每天仍然感到欣喜，我就是愛捏壽司。」

這番話聽在我耳裡，真是心有戚戚焉。開餐廳數十年，我同樣不知道巔峰在哪裡？只知道必須每天不斷地努力，同時感到欣喜，誰叫我就是愛開餐廳呢！

如果你問我：開餐廳的樂趣在哪裡？我只能回答：「如人飲水，冷暖自知。」

餐廳提供美食，可以撫慰人心。

餐廳參與了我們生活中的哀樂悲喜，因為婚喪喜慶都少不了吃。

餐廳的內場張力十足，熱鬧刺激；外場則如機智隨堂考，時時事事都考驗著現場服務人員的 EQ 和臨場反應。

餐廳每天都要面對許多認識與不認識的顧客，是沒有劇本的即興劇場。

想想還有什麼行業比這更具有挑戰性？

以客人為師

在欣葉，我什麼工作都做過，我是經營管理者，也是外場、內場的救火隊，尤其剛開幕的時候，人手不足，哪裡需要人，我就往那裡去，因此對各個工作的甘苦都略知一二。以外場服務來說，我曾經做過帶位員，每一桌都要帶到，餐廳客滿的時候，要好言請客人等候位子，客人等久了難免耐性變差，帶位員一不小心弄錯前後順序，很容易擦槍走火，不滿的客人這時候就會大聲起來。

即使我禮貌詢問：「請問幾位客人用餐？」順手想記在紙上，這個動作有時也會觸怒客人，覺得你不用心，只好默默都記在腦海裡。

後來我訓練兩個兒子，也讓他們從帶位學起，要求他們在客滿的時候，要隨時將進度告知客人，安撫他們的不耐。如果現場允許，最好親自樓上樓下巡視，隨時觀察各桌的用餐進度，看看有沒有可能騰出空位，但又不能讓坐在位上的客人感覺你在催趕。只要你盡心盡力為客人著想，熱誠招呼，不耐煩的客人有時候也會被感動，因為他們可以感受到帶位人的誠意。

經營餐飲生意近半世紀，我覺得女人開餐廳有一個最大的優點，就是易於溝通。一方面因為女人比較細心，身段比較柔軟，碰到客人發脾氣，你不要硬著衝他，軟軟道個歉，多為他著想一下，溫言軟語，大部分的客人脾氣就發不出來了。

欣葉因為地緣和餐廳定位關係，上門客人中不乏商界和政界聞人，他們不但對菜肴的口味挑剔、對服務的要求更是嚴格，這些嚴客如嚴師，欣葉在他們的調教和敦促之下，不斷進步，嚴格說來，他們才是欣葉不斷改進成長的重要動力。

早年，我和幾位資深幹部及大廚都曾立正站在客人桌前，乖乖聽訓過，剛開始內心是要經過一番掙扎調適的。對吃考究的養多樂老董陳重光上門用餐，上桌的任何一道菜只要做得不合他意或不到位，馬上退菜。有些追根究柢的老饕甚至會把大廚叫到面前，直接考問菜肴的做法製程，試圖找出不對味的原因。

碰到客人打槍，員工們難免情緒低落，我也難逃這種情緒反應，後來我體悟出一個道理：「客人會嫌菜，就給了餐廳一個最好的改進機會，他願意當面說出來，是為了想讓餐廳更好，否則他吃了就走，下次根本不會再上門了，願意說出來，代表餐廳還有機會留住這位客人。」

自從換一種想法和心情面對批評，很奇妙地，挫折感少了，取而代之是感恩的心，彷彿罰站聽訓也不再是苦事，反而非常勵志呢！

這麼多年來，我一直謹遵以客人為師的想法，每逢餐廳推出任何新菜，我會叮囑外場服務人員多詢問客人一兩句：「這道菜還合味嗎？」「有沒有需要改進的地方？」顧客給我們的回答，永遠是最珍貴的改進參考，也是最直接快速的市場調查。多年後，欣葉成立網站，上面特別開闢了一個「我有話要說」的欄位，請客人留下在欣葉用完餐後的心得，評語有好有壞，除非涉及非理性的人身攻擊，否則我們盡量讓每一則評語都如實PO在網站上，有些內部人反對．「何必把惡評留在網站上，讓大家都看到？」

但小兒子鴻鈞很堅持，他說：「改善才是最重要的，要虛心接受各種批評，對顧客的抱怨，我們真心表示感激，因為這是顧客給我們改進的機會。」

社群網站互動密集的今天，臉書變成重要的客訴管道，任何消費者在臉書上留下的抱怨及投訴，小編們都會即時回應，並向公司回報。多年來欣葉重視客訴，因為我們深信顧客的意見是我們最好的學習經驗和進步礪石，四十年來雖然投訴管道改變，但我們重視顧客意見的心情，以及慎重處理客訴的態度，從來不曾變過。正因為看重顧客的意見回饋，公司從不要求大家做表面化的顧客滿意調查表，也交代外場主管不能因為客訴隨便責罰員工，為的就是不希望外場人員為拿好評作假。

我們能從客人的投訴中學到什麼？才是我真正在意的事。

外場服務，人情之美

開餐廳是團隊合作事業，外場和內場就像人的兩隻腳，必須協調而有默契地往前跨步，左腳一步，右腳再一步，一步一步有節奏，才能順利往前行。如果行進間左右腳老打架，左腳總想搶先，右腳老想絆左腳一下，那麼不但目的地到不了，恐怕連跨一步都難。

欣葉數十年來能為顧客提供美好的用餐經驗，全靠內場和外場的通力合作，他們像餐廳的兩隻腳，以長期建立的默契，合作無間地一步一步往前行，欣葉才能穩穩走過四十個年頭。

早年，欣葉的內場號稱北投幫，因為主廚陳渭南師承北投酒家菜，在他帶領下，廚房從領班到二廚、三廚幾乎都來自北投。外場則因為帶頭的鐘雅玲來自宜蘭，由她引介，來自宜蘭的欣葉外場工作人員愈來愈多，漸漸地宜蘭幫也隱然成形。

鐘雅玲四十多年前從宜蘭到台北謀職，那時她還是稚氣未脫的少女，在親戚介紹下，進入一間老字號餐廳從事外場工作。她的童年背景跟我很像，自小就被父母送給親戚當養女，或許是這樣的成長背景，她工作起來格外賣力。當年她任職的那家餐廳規定上午十點半到班，她永遠提早進公司，十點不到已把要做的準備工作全都做完，等其他同事到公司的時候，她開始幫忙做其他工作。

這種認真的精神，讓她漸漸受到老闆器重，不到二十歲，已經從一個基層服務員做到主管。我曾經跟她共事過，很欣賞她這種要做就要做到最好的工作態度，而她八面玲瓏的外場經驗和體貼入微的服務手腕，也讓我在決定開欣葉之初，就希望延攬她到餐廳裡來一起打拚。四十年來，她從基層做起，一路陪著欣葉成長，現在已高居副董之職。

餐廳的廚房稱為內場，負責烹製菜肴，好像生產單位；外場則是服務人員，他們招呼客人，推介菜色，有如行銷業務。廚房裡刀光烈焰、飛水走油似戰場；外場也絕不輕鬆，雖然不需要比火候、拚刀工，但服務就是一個軟實力，是一種人情世故，更是待人處事的藝術。在某個層面上，我覺得它比硬底子功夫更難。

服務的難，在於它細膩幽微，輕重拿捏要恰到好處，服務不到位，會讓客人覺得被怠忽輕慢了；用力太多，又容易讓人感到壓力。多與少，要靠當事者心領神會，有時候我覺得那更像一種天賦。好的服務是山頂清新的空氣，你呼吸，只覺得通體舒暢，卻沒有一點負擔，這種服務通常也是一種人情之美的極致表現。

餐廳的服務工作，通常在最忙最亂的時候，悄悄展開各種考驗，新進人員可能手忙腳亂，心浮氣躁；老經驗的外場則神閒氣定，有條不紊，當下便能穩住大局。鐘雅玲就有這種本事。

從前，每當欣葉本店用餐時間一到，人潮如急流嘩一下湧入，外場人員忙到直呼：「嘎要搓草啊！」（搓草，餐廳行話，閩南語的意思是忙不過來）鐘雅玲總能掌控全局指揮若定，有效率地調度人手，讓點菜、出菜、送菜到結帳，全程順利流暢。

服務，就在細節裡

外場人員提供的是服務，細膩敏銳的觀察力非常重要，單就點菜來說，絕不能只是口頭詢問，有聞必錄抄寫下來而已。有經驗的點菜員要懂得配合客人的喜好、用餐目的、預算，甚至季節天候，整合菜單做出最恰當的推薦，同時還能把餐廳想促銷的菜肴，以及廚師最近研發的新菜，一併介紹給客人，單一項點菜學就是察顏觀色、組織力、行銷學和包裝術的大考試。

舉例來說，中年男客人落座，不妨問他要不要點五花肉、滷肉、豬腳、蹄膀？因為這些大肉大葷多半都是男人愛吃，而在家裡太太為了健康理由，限制不准他吃的東西。

如果是小姐女士，則要推薦一些比較素雅清淡的菜式，一口一顆的椒鹽鮮貝、養顏又低卡的三寶炒雞丁、海鮮炒百合，十位女客九位都會喜歡。

年輕人聚餐，花枝丸、三杯雞、蒜香菲力、鹽酥蝦、鳳梨蝦球、糯米椒炒皮蛋，通常都能抓住年輕好奇的胃口。

若是老饕，就要幫他（她）尋找能吃出手藝巧勁的菜，小炒類如珠蔥爆豬心、薑蔥炒鵝片，考驗炒功。手工菜像捆燒河鰻、捆綁豬肚湯、龍柱海明蝦，以及考驗火候的捆燒迦納魚、老菜雞仔豬肚鱉，都是一般台菜餐廳已經不容易吃到的手路菜。

碰到懷念古早味的食客，推薦絲滷雞蛋麵、芋頭鹹菜米粉或台式芋粿湯，多半能讓他們滿意。為家庭主婦點菜，要推薦她們自己在家做不出來的菜，像煎豬肝、花枝羹、玉碧蝦捲；面對外國客人，千萬別建議要剝殼、多刺、顏色、味道奇怪的食物。

搞定了菜單，配餐的酒和飲料也有諸多「眉角」。這一點，接待過許多政商名流的鐘雅玲，經驗非常豐富。她會跟外場同仁分享她的心得：「歐洲來的客人喜歡台灣在地的酒，通常不會要洋酒；日本客人偏愛紹興和啤酒；香港人愛喝新鮮果汁，寶島盛產水果，百分之百的柳橙原汁、木瓜牛奶汁、西瓜汁，他們都愛得不得了。」

「看到韓國客人上門，端上白酒和辣椒準沒錯。台灣人到餐廳就是純吃飯，除非宴請客人，否則較少點果汁飲料。如果是公司裡的秘書或員工和老闆一起來用餐，因為是老闆請客，她們不會點酒來喝，但只要推薦現壓果汁給她們，點叫機率相當高。」

體貼細心之外，好的服務人員記性一定也要好，所謂來者是客，顧客就是「頭家」（閩南語老闆），試想如果你去一間公司上班，工作了一個月都記不住老闆的名字，升遷會有望嗎？因此，鐘雅玲要求欣葉的服務人員一定要記得熟客的名字，最好客人一踏進店裡，立刻叫出他（她）們的名銜，對方馬上會有一種賓至如歸的親切感，尤其要酬宴客戶的時候，更是格外有面子，日後必會經常光顧。這是一種服務心理學。

在欣葉，比較資深或用心的外場服務員，更把這種記性發揮得淋漓盡致，他們熟記每位常客的用餐習慣和喜好，客人沒有開口之前，就把他想要的東西準備好送到面前。像有的客人喜歡辣椒醬油，一落座不必交代，服務生已經把切好的新鮮辣椒和醬油端到桌上。以此類推，愛番茄醬、芥末醬、XO醬、大蒜……無論客人有什麼特殊飲食偏好，外場人員都要盡全力滿足。

幽默是人生最好的調味劑，哲人說：「學會幽默，開口就是智慧、發聲就是天籟」。好的外場服務人員，同樣需要適時發揮幽默感。來到欣葉的外國客人不在少數，有時候跟他們開點無傷大雅的玩笑，能讓用餐氣氛更輕鬆愉快。為外國客人端上菜脯蛋的時候，加一句「Taiwanese Pizza」；介紹刈包就說：「這是 Taiwan Hamburger」，每個外國客人聽了都會心一笑。

餐廳的外場每天都充斥各種狀況，有時讓人啼笑皆非，這一點最常發生在與外籍顧客的溝通上。例如：日語「茶」發音非常近似閩南語的「果汁」和「好吃」，外場就發生過好幾次日本客人要茶，結果服務生送上果汁，或是服務生聽後，問說：「好吃？那麼要不要再來一盤？」

欣葉也發生過日本客人請服務生送上菜單，結果服務生回答：「抱歉，今天沒有赤鯮，改點迦納好嗎？」因「菜單」聽起來跟閩南語的「赤鯮」發音很像。

這樣的錯誤發生過一次之後，外場主管就會在開會時提出來，要求服務生以後遇到類似狀況，切記要再次確認。

在全球化的社會中，外場服務面對的挑戰愈來愈多，來了外國客人，你要知道回教徒不吃豬肉、印度人不吃牛，有人只吃素食，有人無肉不歡，有人怕辣，有人不要太鹹……林林總總，有些是常識，有些是個人喜好，點菜時都要搞清楚，因為在在都是服務細節。

有人問我：「欣葉的服務精神是什麼？」

幾年前我和兒子鴻鈞接受 TVBS 主持人方念華小姐採訪時，他說的一段話是很好的詮釋。他說：**「服務和款待不同，服務可以定出標準作業流程，但款待不一樣，款待要跟客人對話，客人告訴我們他想要的，我們來為他準備。」**欣葉提供的不只服務，還有本省人款待客人的真心與熱情。

人人都說台灣人好客，人情味濃郁，餐廳的待客之道，說來長篇大論，其實是可以歸總成體貼和真誠這兩大原則——真心誠意為客人著想，體貼地幫他規畫菜單，加上親切的態度和總是掛在臉上的微笑，把台灣人的好客精神拿出來，自然可以把客人的心牢牢抓在手上。

怕熱，別進廚房！

餐廳的內外場是兩個世界，由一扇門隔著。

門的這一頭是前廳，溫度怡人，衣香鬢影，酒酣耳熱，菜色美、氣氛佳。

推開門之後來到廚房，燈光蒼白如手術房，抽油煙機轟隆震響，快速爐烈焰噴張，菜刀在砧板上剁剁作響，有如木魚，緊張又忙碌。

餐飲過來人勸後進：怕熱，別進廚房！欣葉的廚房十多年來因為空調設備改良，已不像過去那麼懊熱，但師傅們一整天待在爐前灶旁，火裡來油裡去的歲月仍是辛苦的。關於廚房工作的最好形容，我想是：「把美食帶給大家，把油煙留給自己」。

欣葉賣了四十年台菜，每間餐廳的廚房面積雖不算很大，編制卻十分完整：主廚、副主廚、熱菜部門、冷菜部門、點心、砧板、配料、爐頭……分工嚴謹，工作起來條理分明，環環相扣，效率極高。欣葉向來重視團隊合作，不特別強調明星大廚，一個基層廚師進來餐廳工作，要學習的東西很多。

在從前那個師徒傳承的時代，一個學徒要從搬運食材、洗菜學起，經過一年半，表現不錯的話才可以升上去做「中工」（助理廚師），這個階段要學習認識每種食材的特性，也要瞭解廚房內每個工作站的狀況，同時還要帶新進學徒。三、四年過去，磨練比較成熟了，才開始依個人專長和喜好分科，刀工細的去「站砧」，想練火候的則去「站鍋」，就像大學聯考分科系一樣。

一個學徒從洗菜搬貨到真正出師，起碼經過六、七年時間，幾乎等於念完高中和大學，由於我們對師傅的要求嚴格，這樣培養出來的廚師根基都打得很扎實。

早年的「囡仔工」（閩南語學徒之意）都是小學畢業就放棄升學，為求一技之長到餐廳工作，從十二歲做起，六、七年之後正好準備當兵，退伍後進入社會，因為有了這一技之長以及完整的餐飲資歷，通常可以找到一份不錯的工作，擁有穩定收入。現在的廚師養成已經大大不同，因為九年義務教育，加上餐飲職校愈來愈普遍，年輕人入行時幾乎都已經十七、八歲了，學不到兩年接到兵單入伍，退伍後到餐廳求職，除非自己特別努力，否則基本功的扎實度不如從前。

欣葉一開始就非常重視廚師的基本訓練，除了大廚帶小廚的手藝傳承，也經常在各店輪流辦試菜會，邀集員工討論新菜研發，甚至模仿大飯店推出每年一次的廚藝競賽，鼓勵

阿南師在欣葉工作超過四十年，不但做得一手好菜，也深諳帶人之道。

廚房工作人員不斷學習進修。

我自己很喜歡進廚房，經常利用空班時間來到後場跟師傅討論菜肴。有時候阿南師告訴我他想做一道新菜，會利用那些食材，透過他的口述，不必實做，我就可以想像那是一道怎麼樣的菜，這是因為我自己愛做菜又愛吃，加上我和阿南師多年培養的默契，讓我們透過語言就能用想像炒菜。

有些菜他口述之後，我聽了會質疑：「這樣做不好吃吧？」或是挑剔：「這樣做出來的菜顏色不好看吧？」我會提出自己的經驗和想法，請師傅再增加或減少一點東西。

欣葉老同事看了，形容我們兩人這是空中炒菜，不聞鍋鏟聲，也不見火光，但很多菜就這麼你一句、我一句慢慢成形。討論過程中，廚師不見得都會聽取我的意見，這時候我就會拿起鍋鏟實際試做，把結果做給他們看，大家經過試吃再討論，這裡加一點，那裡減一點，反反覆覆試了五、六天，才找到最棒的滋味。

為了想菜，我晚上經常睡不好，躺在床上左思右想，這道菜少了那一味？那道菜該加些什麼？想著想著天都亮了。欣葉菜單上的很多菜都是這麼磨出來的。

我跟阿南師合作多年，兩人雖建立起難得的默契，但總喜歡鬥鬥嘴，聽到阿南師打噴嚏，我忍不住就會碎唸：「冷得要死，為什麼不多穿一件衣服？」討論菜的時候，偶爾也會反問：「為什麼要加這個？」「你確定這個口味客人會喜歡？」

我雖然是老闆娘，但阿南師不見得事事都聽我的，當年我請他在餐廳推出一人份小碗現煮魷魚羹，他說什麼也不肯。盧了好久，始終沒下文，有一天空班，我乾脆親自到廚房拉著他坐下來：「來來來，你來講講為什麼不做？說個理由給我聽聽看。」

他才告訴我：「妳看圓環夜市賣的魷魚羹都是一大鍋煮的，滋味才會好，餐廳沒辦法煮那樣一大鍋放著賣，放到後來都不好吃了。如果小碗小碗煮，滋味不好又會水水的，沒有賣相。要推就要推大碗的，這樣現點現做的新鮮魷魚羹才會好吃。」

後來我們一起想辦法克服問題，成功在餐廳推出小碗現煮魷魚羹，很受好評。日後我接受採訪說出這段往事，忍不住小抱怨：「欣葉的魷魚羹過去沒辦法出名，一直拖到現在才出名，就是因為阿南師不聽我的話！」

阿南師聽到之後，忍不住吐槽：「如果當初聽妳的話做，會愈做愈差，這道菜早就不見了！」

我聽完哈哈大笑。

這就是我和員工相處的模式，權威式管理不是我的風格，我覺得沒有必要讓每個員工都怕你，工作起來膽戰心驚。因此我很少罵人，碰到問題或爭議產生，我鼓勵他們坐下來說給我聽。有時候看到某個員工的問題，我會找個機會私下提醒他，不讓他感覺沒面子。大家一起工作就像一家人，傾聽和溝通很重要，有人願意聆聽，內心就不會感到孤單；有了好的溝通，誤會和嫌隙就不容易產生，這跟水溝要常常疏通是一樣的道理。

當老闆或主管其實很像帶兵打仗，不要讓人怕你，而要服你！

早年，欣葉的成長相當快速，我們的筵席菜訂價不高，但料好又澎湃，慢慢做出口碑，各行各業吃尾牙、慶功宴都來訂桌，百貨公會、五金公會漸漸都變成我們的客戶。客人吃了滿意，又向親朋好友推薦，生意就這麼愈做愈大，連喜宴桌菜也找上我們。

生意好了，餐廳必須擴張，一看到附近巷子有空下來的適合店面，我就想辦法租下來拓點。不知道你有沒有看過春天遍開的酢漿草？欣葉當年展店，就很有這種粉紅小花勢如破竹的架勢。我們不但賣台菜，一九八一年也開了最初想做的涮涮鍋，名字就取作「呷哺呷哺」，生意也很好。

那時候日本來台觀光人數很多，他們除了入境隨俗品嘗台菜，有時候也想回味一下家鄉滋味，讓我看到涮涮鍋的市場需求。為了開好火鍋店，我帶著師傅赴日取經，發現日本人吃呷哺呷哺，一律圍著吧台用餐，我考量台灣市場暫時難以接受這樣吃火鍋，折衷採用了吧台與傳統桌椅兼融並蓄的供餐方式。此外，本省人和日本人吃火鍋的習慣也大不相同，台灣人喜歡大鍋煮，日本人則是循序漸進：先涮肉，再放蔬菜，最後才下麵或米飯。我覺得這種吃法更能品味出每一種食材的好滋味，加上清淡的火鍋湯頭涮過肉片之後，融入了肉鮮，再煮蔬菜時，湯的厚味正好解除菜的青澀，而湯頭中的油脂被蔬菜吸附了，又恢復清新甘美，吃來健康又有真味，當時我就看好它會是未來的飲食潮流。

日本人吃火鍋首重食材，肉片的使用極為講究，當時台灣流行的石頭火鍋、沙茶火鍋，用的肉片偏瘦，油花少，放進濃郁厚油的湯頭中剛剛好，但涮在清淡的日式昆布湯頭裡，就略嫌乾澀了。因此，我改用頂級牛肉，瘦肥比例完美，吃得出肉鮮甘潤，顛覆台灣人吃火鍋的習慣。

欣葉開了三年多之後，一九八〇年夏天，台灣遭逢十年難得一見的大乾旱，天空久旱未雨，水情愈來愈吃緊，台北市開始實施分區限水，水荒變成餐飲業者的夢魘，因為餐飲就是水生意。沒有米，師傅還可以發揮創意，利用其他食材變出花樣；沒有水，再厲害的廚師也一籌莫展。那段時間不少餐廳因此被迫歇業，欣葉也面臨無水可用的窘境，但我們沒有向現實低頭，而是絞盡腦汁想辦法克服這個難題。

後來我們聽說陽明山有山泉，不受缺水影響，就決定每天派人開車上山買水，再把水載回來，那段時間整個餐廳的用水都由我們自己去載。我的堂弟李常飛負責挑水大任，每天一大清早就往返陽明山與餐廳之間，一天要運回近四、五十噸的水到餐廳。

買回來的水太珍貴，必須留作烹飪用，那段時間餐廳裡的蔬菜，都是直接載到山上清洗，每天早上，堂弟先把洗菜阿姨和菜載上山之後，等她們把菜清洗乾淨了，再和水一起載回餐廳。堂弟做了好幾個月的挑夫，肩膀因此受傷，成了一高一低的高低肩。

缺水固然造成困擾，但怎麼樣也不及大火無情。欣葉安然度過缺水危機，兩年後又面臨另一個大考驗——一把無情火燒光了整間餐廳。

那是二月中旬的一個深夜，天氣猶寒，我從餐廳下班回到家正打算休息，意外接到鐘雅玲打給我的電話，她在電話那頭氣急敗壞：「餐廳失火了！妳趕緊來！」我立刻奔向餐廳，趕到現場時，店面已付之一炬，燒得黑漆漆面目全非，消防隊為救火噴灑的巨大水柱，讓現場更顯狼藉。當時全欣葉的員工才出國旅遊回來，很多同事聽到失火消息，連夜趕來探視，一看到每天工作的地方燒成灰燼，很多人都落下淚來。

多年努力好不容易才換來一點成果，現在被一把無情火燒個精光，我當然深受打擊，但看到大家這麼難過，我知道自己不能喪氣，嚥下難過，我轉過頭對大家說：「還好只是燒了餐廳，人都平安，這比什麼都重要！先回去睡吧，明天讓我們重新開始。」

燒不掉的熱情

大火燒掉了我的餐廳，卻燒不掉我的鬥志和熱情，我沒有時間懷憂喪志，大伙兒隔天照常上班。

當時我正計畫把餐廳從巷子搬到大馬路上，有一天，經過雙城街和德惠街口，看到一棟舊的日本宿舍正好要拆除，改建大樓，我的心又動了起來，直覺那是一個很好的機會。

為了這個機會，我失眠好幾個晚上，腦海裡想的都是那棟樓，我知道如果沒有把它買下來，我將失去把餐廳開在馬路旁的好機會，對於一直只能把餐廳開在巷弄間的我來說，這是一個多麼大的誘惑啊！

原本我只打算買下二樓，以及不到十坪的一樓，這樣一樓正好作為餐廳入口。我請承包欣葉餐廳裝潢工程的設計師葉瑞全到現場勘察，他一看勸我連兩百多坪的地下室也一併買下。他說：「如果只有二樓的一百八十坪，成不了大氣，最好把地下室也買下來。」

我聽了覺得頗有道理，但手邊實在沒有那麼多錢。回家之後每天睡不著覺，一直發愁手邊現金不夠。但我實在放不下那間房子，反覆又去看了好幾次，仲介的中間商看我這麼喜歡，告訴我：「看妳這麼喜歡這個店面，做人又實在，我可以幫妳跟房東再談一談價錢，也許可以降低一點。」

當時一坪開價十五萬，我這個傻瓜因為太擔心被人買走，急急阻止對方：「十五萬就十五萬，不用說價了，這房子如果被別人買了，我會整晚沒辦法睡覺，我甘願花十五萬一坪買下它。」買賣就此拍板定案。大概覺得我傻得離奇，房東聽說後還主動承諾，房子蓋好要免費幫我舖地磚。

靠著起會以及跟朋友周轉來的錢，好不容易湊足兩千多萬，我在大火之前已經一口氣買下三層樓，共四百五十坪的店面。

火災發生時，新店面還在興建，現在餐廳燒掉了，身上又背著借貸和會錢，不可一日沒有進帳，我馬上去拜託施工單位幫幫忙，趕一下工程進度。另一方面就近利用「呷哺呷哺」火鍋店，加賣台菜以增加收入。還好老客人都很體諒我們，願意擠在四十坪不到的小小火鍋店用餐，以行動支持我們，順利撐過那段火燒的日子。

那一年秋天，三層樓面、四百五十坪、可以放八十幾桌、同時容納四百多人用餐的欣葉本店開張了。第一次經營這麼大的店面，我的內心七上八下，又回到欣葉初開時的忐忑：一下子怕客人太少，場面難看；一下又擔心客人突然湧入，內外場無法同時應付四百人的用餐盛況。

開幕前，我站在空盪盪的餐廳，望著開敞的樓面，愈看愈憂心，趕快交代鐘雅玲發動外場員工聯絡老客人，請他們務必到新店來捧場。同時也忍不住抱怨建議我買下三層樓面的設計師：「你看這餐廳像海一樣一望無際，客人少的時候多麼難看！趕快去做一排屏風遮一下。」

沒想到他比我還有信心，拍著胸脯對我說：「頭家娘別煩惱，這樣好了，如果沒有客滿，屏風我免費送給妳。」

後來證明我果然多慮了，本店開幕之後，欣葉的生意更加興隆，每天客滿，有時甚至要排隊，連消夜也滿座，大家從上午十一點一路忙到凌晨兩、三點。工作雖然忙碌辛苦，但大家都非常起勁，覺得充滿希望。

阿嬤更是開心極了，她得意地告訴客人：「我剛開始買菜，孔明仔車（閩南語，腳踏車）載，現在要用發財車才放得下。」她甚至用划龍舟來做比喻：「大家划龍船，這間最大隻，龍船要划好，要看樣（閩南語榜樣之意），這間的樣尚好（閩南語最好）！」

阿嬤還叮囑大家：「現在阿嬤負責顧菜，內場用力划，外場也要努力，對客人要有禮貌，菜要煮好，欣葉才會好。」

本店開幕後第二年，歷經火劫的舊店，重新裝修完成，開始營業。「呷哺呷哺」重回火鍋專賣行列。形成短短一條雙城街，不到一百公尺就有三家欣葉的有趣現象。

第四章 欣葉的幸福學分

經營餐飲事業近半世紀，我深深覺得開餐廳就是一門幸福經營學。

客人上門，你用親切的態度招呼他，為他端上他愛吃、想吃的食物，客人吃得歡喜滿意，身心都得到滿足，那是一種確切的幸福。開餐廳的人從這種幸福感當中，也獲得很大的滿足，因為那是一種肯定的回饋。

除了為客人經營幸福，對於餐廳裡跟著我一起打拚的員工，我覺得也要經營他們的幸福感，因為沒有快樂的員工，就不會有讓人吃了開心的佳肴和貼心的服務，一間餐廳如果感受不到希望和幸福，絕對不可能端出讓人吃了會感動的美食。

餐飲是人的事業，開店之初，我就知道「人」比什麼都重要！成就一間成功的餐廳，需要好手藝的師傅，體貼細心的外場，忠誠擁護的熟客，盡責本分的採購、會計，有時候老闆反而好像不那麼重要。所謂帶人要帶心，我雖然沒有學過企業管理，沒有念過MBA，但我知道帶領員工一定要拿真心交陪，也就是台灣人說的搏感情。

開餐廳，就要經營幸福

老一輩欣葉人很少叫我「老闆娘」或「頭家」，多半喚我「內桑」（日語姐姐之意），那是因為我素來把他們看作一家人，他們也把我當成愛嘮叨的大姐姐。

早年欣葉很多員工都來自外地，他們離開家鄉到台北這個大都市打拚，租屋而居。住，一直是很大的問題。尤其當年欣葉還做消夜場，下班都已經過了午夜，我擔心員工的通勤和安全，餐廳開了五年之後，生意穩定了，也存了一筆錢，我就在餐廳對面租下一整層房子作為宿舍，宿舍裡不但有冷氣，還有管理員，解決了外地員工住的煩惱。

在欣葉，多的是一做二、三十年的員工，不少人的第一份工作就在欣葉，一路做到退休，從小姐變成歐巴桑，小鮮肉變成大叔，也有不少同仁在欣葉相識結婚，一路待到兒女成群。我們曾經統計過，欣葉有三成員工服務超過十年，二十年以上的也有一成之多。我覺得，欣葉的人情味，某部分就是因為老同事特別多的緣故。

在換工作頻仍的現在，恐怕難以想像這種情形，曾有人好奇問我：欣葉是怎麼培養這種向心力的？我想，給予希望和尊重，並想辦法幫他們解決問題，是很重要的關鍵。

早年餐廳廚房沒有冷氣，夏天窩在懊熱的廚房工作非常辛苦，我看師傅們每天汗流浹背，濕著上衣揮鏟，就煮好仙草茶、綠豆湯，備好西瓜，趁空班時帶去給他們吃，為他們壓壓火氣，順便也打打氣。

在欣葉分店還沒有這麼多的年代，員工人數比現在少得多，大家每天相處在一起，感情有時候比一家人還親，只要我聽說那位同仁想買房子缺頭期款，只要能力所及一定借錢給他，因為我知道：「先安家才能樂業」。

開餐廳是全年無休的事業，過去一年裡只有舊曆年才能連休幾天，餐廳賺錢之後，每逢年假為了激勵士氣，我都會舉辦員工旅遊，從國內玩到國外，讓終年忙碌的同仁們能徹底休息一下。欣葉員工人數增加之後，出國旅遊甚至要包機才裝得下，我們曾經包過兩架專機飛往韓國度假。後來考慮風險問題，才拆成好幾組輪流旅行。

一九八九年，我利用欣葉仁愛店的兩百坪地下室，規劃成為員工聯誼中心，裡面有健身房、韻律教室、撞球、乒乓球、MTV、KTV。花了上百萬改裝費，朋友聽說後笑我呆傻，放著可以賺錢的空間不做生意，弄什麼休閒中心？我的想法不同，當時餐廳生意很好，餐飲從業人員其實很辛苦，有一個好的休閒場所，空班放假時，他們就不必跑到外面的KTV、撞球場多花錢。

早年我像母雞帶小雞一樣帶領員工，平日裡幫忙調解夫妻吵架、照顧生病同仁、排解紛爭……諸如此類的瑣事不可勝數。我管理欣葉，沒有嚴謹制度，也不懂管理學，我總覺得大家是同在一條船上的人，你能為員工多著想，他們自然也會替你著想，這是將心比心的道理。我想就是這種親如家人的相處模式，加上餐廳生意好，大家都看得到未來，所以他們願意一直留下來陪我打拚。

隨著欣葉事業版圖不斷擴張，經營模式已和早年單店營運大不相同，人員規模也不可同日而語，欣葉的管理一步一步邁入現代化、企業化，傳統搏感情的方式顯然已經不適用了，我們改以健全的福利、制度來保障員工權益，延續一貫對員工的照顧。

欣葉在二〇〇〇年以前，就開始提撥員工退休準備金。每位員工都有七種保險，除了勞保、健保外，還有職災、意外、住院醫療、癌症和壽險。政府規定的所有相關制度，從健保、勞保、勞退新制、退休金提撥，我們都確實做到了。兒子鴻鈞曾經在春酒宴上告訴大家：「公司或許不能給你最高的薪水，但是公司會給你最完整的福利，這是一把保障的大傘，當你發生任何意外，至少可以活得無懼，家人也不會因為你發生意外感到無助。」

飲食的美好，不在吃飽，而在滿足。餐廳的美好，不在日日客滿賺大錢，而是提供一種客人與員工都愉悅的幸福感。

關於欣葉的幸福學分，我們會繼續修習下去。

菜脯蛋的報恩

二〇一七年二月，日本NHK電視來台做福島震災六週年紀念專輯，他們找了一天來到欣葉拍攝，感謝我們在三一一地震發生後，以義賣菜脯蛋，捐出新台幣五百二十萬元賑災。工作人員到廚房拍攝廚師煎菜脯蛋的過程時，很驚訝這一盤盤金黃噴香的菜脯蛋，竟然能在一百天之內，湊出這樣一筆為數不小的款項。

二〇一一年三月十一日下午兩點四十六分，日本東北地區發生規模九級的超大型地震，引發大海嘯，是日本有觀測紀錄以來規模最大的地震，衍生一系列包括核洩漏的災害，重創日本東北地區，部分城市甚至遭受毀滅性的破壞。

在電視上看到這個消息，我馬上跟兒子鴻鈞商量，可以為福島的災民做些什麼？他因此想出義賣菜脯蛋的活動。

圓圓的菜脯蛋像金黃色的滿月，有著圓圓滿滿的意象。它是欣葉的招牌菜，也是日本客人到餐廳來最愛點的一道菜。我們希望透過它來募款，同時不只欣葉盡力，也邀請我們的客人一起參與。我們在每一家分店的桌上都放置桌卡，告知活動內容，要把一百天內賣出的所有菜脯蛋金額，都變成捐款，作為賑災之用。

一盤菜脯蛋訂價不高，曲曲一、兩百元之譜，每個客人看到桌卡都非常捧場，百分之九十會點，人多的甚至叫上兩盤，許多客人用完餐還會再點一道外帶，完全展現台灣人愛心不落人後的氣魄。活動期間菜脯蛋的買氣是平常的好幾倍，一百天後我們結算金額，一共募得五百二十萬元，這是全欣葉員工和顧客共同努力的結果。

捐款當天，沒有任何高階主管出面，我們請店裡幾位資深廚師和服務生做代表，把捐款帶到國際紅十字會，為日本災民獻上這份來自台灣的心力與祝福。這樣的捐款方式，連紅十字會也印象深刻，他們說：「一般捐款要不是老闆直接捐獻，就是號召公司員工捐出一日所得，像欣葉這樣集結餐廳和客人之力的捐款，很少見到。」

小小一盤不起眼的菜脯蛋，濃縮著欣葉選料及烹飪的用心，也凝聚出欣葉人與台灣民眾的善心。

他們不知道，這樣的捐款，除了人飢己飢的同理心，背後還含藏著一種報恩的心情。二十多年前，我曾在福島度過一年多養病的日子，當地醫護人員對我付出的溫暖和無微不至的照顧，讓我恢復了健康，這份恩情我感念至今。

辛苦的日本創業初體驗

我出生於日本統治台灣的末期，長大後創業，接觸的日本客人不在少數，那是日本觀光客來台最踴躍的年代。開了欣葉之後，外籍客人中也以日本客居首。一九八〇年代，一個偶然的機會，我更嘗試把欣葉開到日本去，那是欣葉第一間海外店，也是我生平第一回嘗試海外創業。

當年，四十歲的我，一個人帶著四位師傅，遠赴東京開店，餐廳的地點選在新橋，那裡離高級的銀座和熱鬧的築地市場都不太遠，我想日後無論開拓客源，或買菜選料都會比較方便。

第一次遠赴異地開店，雖然心裡已做好準備，知道辛苦是必然的，但實際操作之後才發現其間重重困難，比想像更多，其中買菜就是最大的問題。

欣葉新橋店和東京大部分料理店一樣，也選在築地市場批貨，不過初開店時，我們的進貨量有限，又是外國人開的店，找不到批發商願意幫我們送貨。每一天都由我和師傅親自出去採買，春夏兩季還好，過了深秋，天氣一天比一天冷，買菜變成苦差事。尤其下雪的日子，一大早又冷又冰，走在往市場的路上，凍得臉都僵掉了。最怕的是碰到雪中夾雜雨水的天氣，冰雨打在人身上，冰冷刺骨，那種凍到骨子裡的感覺，一輩子難忘。

買完菜選好料，要回家時更艱難，每一條魚都又沉又重，背不動的話，我和師傅只好用拖的把牠們硬拖回來，有時候拖到一半沒有力氣了，想哭都流不出眼淚。那段日子我偶爾會捫心自問：自己發了什麼瘋，放著台灣好好的生意不做，跑到日本來受這種活罪！

新橋店有二百九十坪大，又位於熱鬧的地鐵轉運站商圈，客觀條件不錯，但也因為這個緣故，一個月的店租高達日幣九十八萬，這麼貴的租金吃掉了我們的利潤，無論店內生意再好，餐廳始終不賺錢，撐了一段時間，連發薪水都苦無現金，擺明是一筆客人多，但賺不到的虧本生意，於是我當機立斷把店頂出去，帶著師傅打道回府。

突如其來的病

在日本的創業雖然受挫，之後我仍經常往返台日之間，有時是商務考察，有時去旅遊。一九九〇年，我跟朋友約了想去大阪萬博紀念公園看花展，出國前我到醫院抽血做健檢，約好一週後看報告。復診當天，醫生慎重對我說：「妳的驗血報告有問題，目前我們不知道是什麼病，但妳要持續追蹤。」

我告訴醫生自己已訂妥機票，隔天就要飛往日本，醫生見沒辦法制止我出國，只好告訴我：「那麼妳要快去快回，旅途中如果有感冒發燒的情形出現，要馬上跟醫院聯絡，我不是開玩笑的。」

到了日本，我把醫生的話告訴朋友，朋友在當地人頭頗熟，建議我：「既然台灣醫生不知道病因，妳要不要就近在這裡也抽個血，看看到底是什麼毛病？」

我聽了朋友的建議，找一間醫院抽血檢驗，幾天之後我剛到東京就接獲醫院通知，叫我趕快回台灣，醫護人員告訴我：「妳得了C型肝炎，要趕快接受專業治療。」

我在台灣只聽過A型和B型肝炎，沒有聽過C肝，C肝是什麼？我一無所知。朋友建議我，與其回台灣，不如留在日本治療，這裡對於C肝的病況掌握和了解顯然都比台灣好。熱情的朋友立刻幫我打聽哪裡有好醫生？後來聽說福島有間很好的醫院，建議我到空氣好、水好的福島養病。

我記得當年日籍主治醫師看了我的驗血數據後，坦白告訴我：「C型肝炎是一種新型態的病，目前沒有太多藥物可治，如果妳專心養病的話，大約有百分之三十的存活率，活個一年半載沒問題，但如果妳熬夜又忙碌，大概三個月就拜拜了。」

當時我剛剛年過五十，餐廳生意正好，好不容易苦盡甘來，人生剛剛嘗到一點趣味，要我就這樣離開，我不甘願！我告訴醫生：「我跟C肝拚了！一定要治好它。」

正式住院前，我匆匆回台一趟，沒有告訴大家我要去日本治療肝病，只說要去做長期旅行。當時兩個兒子都已經在欣葉工作，我把在仁愛店擔任店經理的小兒子鴻鈞調回總公司，並告訴他們：「從下星期開始，鴻鈞當總經理，哥哥鴻杰升副董，你們要接下公司的一切營運。」倉促中，我交給他們三本筆記本，一本寫著餐廳的投資金額和折舊費用，一本記載了各分店的營運成本及利潤，還有一本是各店的股東持分。

交代完畢，我放下台灣的一切，飛往日本專心跟病毒打仗去。

一場千辛萬苦的戰爭

當年秋天，我來到福島住進醫院專心治病，直到入院前我才在電話中將自己的病況告訴兒子。

當時並沒有太多關於C型肝炎的醫療經驗，即使在日本，新藥也處於實驗階段，醫生不敢保證治癒，只說一個療程最起碼半年——三個月住院打針治療，三個月觀察。我下決心一定要活下去，準備了一千萬日幣治病，什麼藥都願意嘗試。但治療過程之辛苦，超乎我的想像，幸好當年我遇見非常好的醫師及醫療團隊。

我住進醫院，病房是純色的素白，關上窗戶隔絕了市聲，也隔絕時間感，我像住在白色方盒子裡的實驗白老鼠，注射著各種藥物。有一種化療藥一打下去，約莫一小時便會開始發揮作用，先是全身發冷，冷過了繼而發熱，那種冷跟熱不是一般我們感受到的溫度冷熱，而是從身體內部發出來的寒顫與燥熱：冷的時候全身抖個不停，好不容易熬過去了，接下來開始渾身冒火，熱到想扒光衣服，人生之苦莫此為甚！

後來我想出應對方法，每次打針前先準備好暖水袋和冷凍的葡萄柚果汁，一針下去，發冷了，我躲在放了暖水袋的棉被裡；發熱了，趕快含一顆果汁冰塊，熬過漫漫療程。

我是聽話的病人，盡全力聽從醫生指示，那時候打一針四萬元日幣的實驗藥，打完後白血球陡降，要住進無菌室以免受到感染。醫院養病的日子單調無聊，食物更是索然無味，只有冷吱吱的便當和味噌湯，我吃不下，每天盡想著羅宋湯和甜滋滋的番薯湯。醫護人員發現我偷偷倒掉味噌湯，便當也沒怎麼吃，就去告訴醫生。

隔天醫生鄭重對我說：「妳要打敗病毒就要有體力，一定要想盡辦法多吃些東西，吃不下也要慢慢吞下去，吞得下就是妳打敗病毒的本事。」此後，我努力進餐，將自己每天的檢查報告記錄下來，三個月後肝指數下降了。住院半年後，我的病情穩定，改打皮下注射，漸漸可以不用住在醫院，只要回來做治療。再過一陣子，醫生宣布我可以返台，三個月回福島檢查指數監控就可以了。

這場千辛萬苦的抗病毒戰爭，是福島醫院的醫務人員陪著我一起度過的，後來主治醫師告訴我：「很多C肝病人治療失敗，就是因為沒辦法熬過注射藥物後的痛苦，恭喜妳順利熬過。」住院期間，鴻鈞幾乎每週飛來探視，在病床前陪我聊天，向我報告餐廳現況。

生了這場大病之後，我才有空回頭省思自己的生活，也回想起當年算命師說過的話。

欣葉這兩個字是不是造成我傷肝的主要原因，我不敢說，但投入創業工作三十多年來，拚命三郎的個性和追求完美的堅持，恐怕才是造成肝損身傷的原因。

我經常忙到天亮才睡，每次開店，我都要求要比上一家更好。我不會寫開店計畫，所有的規畫都裝在腦袋裡，從餐廳裝潢、廚房規畫到菜單設計……腦海裡裝太多東西，結果我每開一家店，起碼失眠一星期以上，掉好幾公斤，鐵打的身子也不堪這種長期折騰。

鬼門關撿回一條命，我開始有了不一樣的想法，交棒的念頭漸漸浮上心間。除此之外，日本養病一年，讓我錯過父親的喪禮，是我一輩子無法彌補的遺憾。

第二篇

用心，無所不在

職業和專業，最大不同在於用心。
開餐廳與經營餐飲事業，成功與否的關鍵也存乎一心。
用心，幾乎是所有成功者攀上高峰的必要條件。
因為用心，才會處處關心，
從細微處著手，小自擦一張桌子，
大至運籌帷幄，決勝千里之外，
唯有用心，能讓平凡變得不平凡。

欣葉目前有二十多間餐廳，九個品牌，傳藝廚房掛在總公司旗下，有點像附屬機構，但這個附屬機構的地位很特別，它是欣葉的研發中心。成立九年，在李秀英和研發主廚阿詠師的共同努力下，建立了許多美食資料。

位在雙城街巷弄內的傳藝廚房（編按：二〇一八年傳藝廚房已搬遷至內湖慧鉅中心八樓），低調隱祕，匆匆走過很容易視而不見。它是李秀英每天都要報到的地方。走進廚房，像走進某一間專業烹飪教室，也像某個富貴人家的灶腳：光潔流理檯、專業噴射爐、名牌抽油煙機，還有各式料理工具。流理檯正對面的牆上掛著李秀英的畫作，她用油彩繪出自己熱愛的食材，南瓜，瓠瓜不再是盤中美食，變成畫中靜物。

繪畫是李秀英除了烹飪之外的新興趣，她認真上課，學習繪畫技術，同時確確實實臨摩作畫。我們一幅幅欣賞她的畫作，說起提筆緣由，她指指小兒子：「是鴻鈞介紹我去學畫的。」

李鴻鈞接口補充：「幾年前我先去學畫畫，媽媽看到我埋首作畫，好奇問了一句，我隨口問她想不想學？然後，我發現她眼裡閃過一道光。」就是那道熟悉的光，李鴻鈞說他捕捉到了，馬上帶媽媽去畫室學畫。

傳藝廚房的誕生

李鴻鈞說著這個故事時的語氣，彷彿他是一位捕手。事實上，在欣葉這一路發展過程中，他的確恰如其分扮演好捕手角色——為母親捕捉住每一個夢想。

傳藝廚房的誕生也是其中之一。

九年前，李秀英在自家車庫研發XO醬，車庫堆滿乾貨，她彎著腰在大鍋裡炒製醬料，李鴻鈞回家看了覺得不忍。他說：「我知道媽媽熱愛烹飪研發，但餐廳的廚房要營業，沒有她的位置；家裡的廚房設備又不夠專業，做起菜來處處掣肘。」正好那時候公司有一間倉庫搬家空了下來，他靈機一動決定為媽媽規畫一個專業廚房，並從餐廳調派一位主廚專職負責，讓媽媽好好玩個夠。

結果傳藝廚房發揮了超乎想像的功能，除了研發新菜，李秀英還在這裡復刻所有她小時候吃過的古早味，把食譜整理出來。有時候她會邀請外面的資深大廚到教室示範，提供廚師們進修的機會。連中餐最難做到的標準化，也透過傳藝廚房整合。李鴻鈞說：「有時候同一道菜，A店和B店做出來的味道小有差異，我們就會把廚師都集合到傳藝廚房來，大家切磋交換，協調出統一味道。」

李鴻鈞大學畢業當完兵就到餐廳工作，他的人生履歷上只有欣葉一家公司，當年他其實原有自己的人生規畫，因為一場車禍改變了全部，他放棄留學，進了餐廳。

他說：「意外是人生最重要的導演。」

進餐廳之前，媽媽安慰他：「做不來沒關係，慢慢學就好。」但他學得很快，從如何擦好一張桌子開始，進貨選料、處理食材、帶位、點菜、開菜單、服務，全盤掌握。他是欣葉第二代接班人，上面有一個哥哥已在欣葉服務多年，進餐廳六、七年後，他仍然沒有一輩子待在這裡的打算，後來是媽媽的肝病改變了一切。

幾年前他上 TVBS《看板人物》受訪，談到這件事，忍不住紅了眼眶：「那一年媽媽飛去日本，獨自對抗病毒，不知道會不會好起來？她留給我和哥哥三本筆記本，當時我們都慌了。」

那一年他二十九歲。因為事業導師生病了，只好自己摸著石頭過河。

他去買了一台神通電腦和一個 Lotus 123 套裝軟體，自己翻書、敲報表。三十歲那年，他下決心好好經營媽媽傳下來的餐飲生意，因為他發現**餐飲業不只是開一間餐廳，也不只是女人做的水生意，它可以成為一門事業，是社會的幸福助燃劑**。

為了把事業做好，他必須更努力更用心，這是每一個守成者的宿命。身為開創者的第一代，可以全力衝刺、披荊斬棘、大刀闊斧、義無反顧，反正身上沒有包袱，前面也沒有參考點。第二代經營者不同，因為已經有前人努力留下的成績，做得好是理所當然，做不好便可能要背負罵名，因此必須格外小心、更謹慎、更步步為營，既要守住既有成績，又要邁步向前，所以，也就需要更加用心。

這種用心，必須無所不在！

第五章

成為欣葉餐廳的一員

欣葉是媽媽和阿嬤一手打拚出來的事業。媽媽創辦欣葉那一年，我正好高二，半年後我升上高三，餐廳的生意開始好轉，媽媽幾乎每天都在餐廳忙到夜半三更。

有時候我半夜起床讀書，讀到凌晨四點多，才見她從餐廳算完帳回到家。簡單梳洗完畢，媽媽總會輕輕推開我的房門，只要發現我還沒有睡，就會去倒一杯小酒，端著酒杯坐到我身邊，陪我聊聊天。我們什麼都能聊，我說學校的事，媽媽則談餐廳近況。

聊著聊著，天空不知不覺亮了起來了，先是野鴿灰，繼而天際泛起蛋殼青，然後整一大塊都是魚肚白，沒多久天就大亮了。這時候媽媽才準備去睡覺，我也躺回床上補個眠，小睡片刻再出門上學去。而媽媽總是短暫睡三、四個小時之後，早上十點又準時回到餐廳上班。

從擦一張桌子學起

從我有記憶以來，她一直是這樣忙碌的職業婦女，總是忙著各式各樣的生意，餐飲業是媽媽最有興趣，也做得最長久的一行。我從小看她開餐廳，知道餐廳裡煩雜瑣事特別多，當時餐飲業被劃在八大行業中，跟酒店、歌廳、舞廳並列一路，業格和社會地位都不高，餐飲法規也不完備，很多單位都是管事婆婆，讓開店者疲於應付。還好母親有一套應對方法，總能搞定內外。

老媽是那種EQ很高的人，她很惜情，對朋友和親人都好得沒話說。三十多年前她有一位朋友，碰上不景氣，需要一些資金周轉上的幫助，他找上媽媽，請她在書上刊登餐廳廣告，原訂計畫出三套書，廣告價總共新台幣一百萬元。我聽說後不太以為然，建議媽媽直接拒絕，媽媽說：「也許他有困難之處，急著用錢，人難免都會有困難的時候，能幫忙就幫忙。」當時我年輕，不太認同媽媽的想法，直到年紀漸長，才慢慢體會出她做人處事的寬容。

年輕時候的我，對餐飲業一點興趣也沒有，我覺得那是女人做的水生意，是沒有明天的事業。我心想我是要做大事的，女人的生意，我可不要做。

考上大學之後，欣葉的生意越來越好，看到媽媽和阿嬤忙到不可開交，大一開始，我利用寒暑假或週日到店裡幫忙，有時候幫媽媽跑腿收帳，客人多的時候，就進餐廳招呼客人，或站在店門口幫忙帶位。

我記得很清楚，自己的外場工作，是從擦一張桌子學起的。

打工第一天，媽媽拿著兩條抹布先教我擦桌子。她說：「桌子不能只拿塊抹布隨便擦一擦抹一抹。」在欣葉，也有一套標準作業流程，要分幾個步驟完成：第一次先用濕抹布，在桌面由右下往左上，畫一個大大的8字，把桌上的殘渣剩菜小心掃在待收的盤子裡，清掉渣滓之後，濕抹布翻面，再在桌上畫一個反8字，這樣完成第一階段的桌面清理工作。然後換一條乾抹布，由左到右仔仔細細把桌面再擦拭一遍，這樣擦過的桌面不油不濕，光潔如新。

這套欣葉特有的擦桌法，至今仍然保留在欣葉創始店裡，它可以說是一種欣葉精神的象徵。如同媽媽當年叮囑我的：「要像打理自家餐桌一樣，用心把每一張桌子都擦乾淨。這樣下一位客人坐下來用餐，心情會好，也才會有賓至如歸的感覺。」

擦一張桌子，也要有一顆體貼的心，是我在欣葉學到的第一課。

一場意外導演出不同人生

我從小愛玩，小時候跟著左鄰右舍的小孩打棒球、騎自行車，上了延平中學之後，開始跟同學相約看電影，後來又忙著辦舞會、泡妹。

那時候週一進學校，同學們聚在一起討論的從來不會是功課，永遠是上個週末玩得開不開心？盡不盡興？週二，大家開始擬定本週舞會主題，尋找場地，訂好地點，週三挑選舞會名單，然後分頭招人；週四，我著手安排舞會音樂，那時候黑膠唱片是主流，我把自己收集的西洋唱片鋪滿地板，一張一張放出來聆聽，按照情境設計編排，反覆推敲它們在舞會中的出場先後。搞定音樂，再來想燈光怎麼打？然後，整個星期五我們都在期待中度過，只為了週六夜的降臨……。

不辦舞會的週末假日，我會跟父親去爬山，要不然就和同學露營去。父親是山岳協會會員，我跟著這群專業人士一起登山，學會很多東西，諸如如何擬定登山行程，從路線規畫、交通時間估算、經費預算、裝配準備到餐宿安排……林林總總可以排出好幾張計畫表。

我的高中，在舞會的期待和登高的興奮中度過，十分盡興。幸好大學聯考沒有太漏氣，考上輔大日文，距離我真正想念的法文系只差三分，由於不想再入「考籠」，那年九月，我來到輔大註冊，成為新鮮人。

剛從考試牢籠掙脫出來，我的大學生涯過得有趣又多采多姿，我開始接觸攝影，學習暗房技巧，大二當選輔大外語學院活動總幹事，靠著從前籌辦舞會的經驗，開始舉辦各式各類活動。

這些活動、玩樂看似浪費生命，後來我才發現，相較於埋首苦讀，吃喝玩樂不必然是沒有意義的事。日後我當兵，負責一個營四連隊的後勤補給工作，當年辦舞會、登山的經驗，提供了許多幫助。而我從當兵補給工作中，又練就日後進貨談判的技巧。很多年後我才慢慢體悟，生活中經歷的一切，沒有一樣是白費的，有些當時看是垃圾，但是把它埋在土壤裡，經過發酵、分解、轉化，最後都會轉變成生命中的養分。

當完兵退伍後，我原想出國念書，當時學日文的人踏入社會，只有兩種出路，一是進貿易公司做貿易，一是去當導遊。偏偏這兩項工作我都沒有興趣，我想赴美學電腦，獲得母親首肯之後，開始準備考托福。

沒想到一場意外打亂所有計畫，也徹底翻轉我的生涯規畫。考完托福準備申請學校那一年，我出了一場車禍，被迫改變原先的出國計畫，暫留台灣。媽媽看我每天沒事做，建議說：「既然閒閒沒事，乾脆來餐廳幫忙。」當時欣葉生意正好，家裡的親戚朋友都被媽媽招到餐廳工作，我也進了欣葉，本來只想暫時幫忙，沒想到一待三十多年沒有離開過，欣葉成為我工作履歷上的唯一。

後來我跟人說起這段經歷，總是形容：「意外才是人生最重要的導演。」你費盡心力構思人生腳本，可能因為一場意外全部翻盤，我的職業生涯就是一場不按劇本的演出，跌破自己的眼鏡。

從頭學起，學到就是你的

一九八四年，我進入欣葉工作，在天意安排下，媽媽變成老闆。

上班前，老闆（媽媽）特別把我叫到面前，告訴我：「不會做沒關係，慢慢學就好。」真正跟媽媽共事，才發現她的 EQ 不只對家人、朋友，連對公司員工和顧客也一視同仁。她很少疾言厲色，發現問題都用溝通解決，她最常說的話就是：「來來來，你坐下來說給我聽。」大概因為有了傾聽，不平的那一方心靈得到支持，情緒化的反應和言語自然也就減少了。

餐廳的工作，嚴格說來我不算生手，這些年跟在媽媽身邊，多少熟悉餐廳事務，像收貨款、算帳、對帳、擦桌子、收碗盤、帶位……大大小小的事略知一二。但真正進到公司，才知道要學習的東西非常非常多。

第一天上班，我從驗收學起，發現自己連蔥跟青蒜都分不清，也看不出廠商送來的貨到底好還是不好？剛開始因為不懂，連發問都難，但我這個人有一個優點，就是願意承認不懂，凡是不懂的，我就問，一直問到懂了為止。

我在廚房不用跟著廚師拿刀揮鏟，我從採購、點貨學起，在進貨過程中，慢慢看廚師怎麼挑貨選料，他們處理每一種食材的過程：魚怎麼殺？魚腹怎麼開？同一塊肉橫切還是直切，原來會造成老和嫩兩種不同口感……這一切的一切，對我來說充滿未知與好奇，因為都是學校沒有教過的知識。

當年我一個新人突然進到後場，剛開始師傅們不太搭理我，也不太願意教我東西，每天忙於廚事的他們覺得：「啊，跟你說這些沒效啦！」我跟師傅們的溝通有代溝，從前在學校學到的那一套，進了廚房變成另一種江湖，根本派不上用場。一切都要從頭學起，對剛入社會的我來說，有著看山不是山的迷惑。

那段時間，我每天早上六點起床，七點半進餐廳，先把秤拿出來準備驗收，然後幫忙工作人員處理各項生鮮食材：剝蝦殼、去魚鱗、清魚肚、洗菜、挑菜……工作告一段落，我匆匆趕回家簡單沖洗一下，十一點重回餐廳跟大家一起忙碌，有時候幫忙外場排桌椅、擺放碗筷杯盤，有時候走進廚房看師傅們備料、做菜，幾乎整個餐廳的內外場流程都參與學習。

十二點，客人一波又一波猶如潮水湧入，我幫著外場服務生帶位、點菜、送菜、撤盤子、擦桌子……一路忙到下午兩點多。

空班了，餐廳熄了大燈，大家或躺或臥開始午休，我拿著媽媽買給我的食材專書，找一個角落坐下來默默啃讀。當時坊間類似的專書很少，這本香港出版的談食材書籍，對我日後工作幫助很大。讀書讀到四點，趕快回家洗個戰鬥澡，五點重回戰場，又開始另一輪新的戰鬥。

周而復始的日子，足足過了兩年多。

兩年多來邊做邊學，勇於發問，問了沒有答案的，就私下觀察四處請益。這樣的學習很扎實，對於一個餐飲經營者來說，這些實戰經驗比任何餐飲專書教的都有用，因為其中的每一個環節，我都實際參與了，有了通盤了解，日後餐廳發生任何問題，只要細細盤究，很快可以抓出癥結，找到解決方法。

我是一個做中學的小孩，在欣葉的學習中所獲甚豐。甚至當初那個見山不是山的迷惑，經過數年實戰經驗後，恍然發現原來萬法歸宗，在學校和生活中學到的東西，在職場或餐廳都用得到；同樣地，在職場和餐廳學到的智慧，一樣可以應用於生活中。這時候才發現，自己已然悄悄走過，看山又是山了。

一根冰棒學到的功課

台灣的夏季漫長炎熱，腦海裡總是跳躍著各種新奇點子的媽媽，有一年春天突發奇想，她提議：「我們做冰棒來賣好嗎？」

她說，餐廳生意那麼好，但客人吃完飯付了錢就打道回府，從此銀貨兩訖。如果能有個伴手禮，讓吃完飯的客人帶回家，那麼每次他們看到伴手禮就會想起餐廳，等於延續了客人對欣葉留下的美好印象。

但要準備什麼伴手禮才好呢？媽媽想起小時候最愛吃的枝仔冰，她認為那種美好的夏日古早味，是台菜餐廳最好的伴手禮。

既然老闆提出構想，身為員工的我們，自然要想辦法幫她把靈感落實出來。可是大家都沒有製作冰棒的經驗，只好先從找設備著手，我們找到一家冰棒製作機器公司，他們表示只要我們跟他們買機器，就負責教我們製作冰棒的方法。

我們訂了一組機器，買了木棒和冰模，成立一個三人研發小組，花費好幾個月的時間，每天耗在製冰室，調配各種口味，不斷製冰、反覆試吃。媽媽經營餐廳有一個不變宗旨，就是所有要入口的東西都必須天然，冰棒也不例外。

我們用天然食材試做了兩個多月，終於試出了最棒的滋味，驗收成績那一天，我們請董事長試吃，沒想到才把冰棒送到她眼前，媽媽看了一眼馬上打槍：「冰棒這麼大枝，未呷哩！」

什麼？製冰小組面面相覷，我囁嚅追問：「為什麼不能吃？」

媽媽回：「你們做出來的冰棒四四方方這麼大一枝，小朋友和女人根本呷未了，冰棒吸一半就開始滴滴答答融化了，搞得手啊、妝容啊、衣服都髒兮兮，人客怎麼會歡喜？」她告訴我們，吃冰棒是幸福開心的事，但是小朋友常常因為吃不完一根冰棒，把雙手和身體搞得黏乎乎，換來一頓責罵，原本快樂的事也變得不開心了。她提醒我們：「做餐廳要從客人的角度去想事情。」

這是我從母親身上學到的另外一課，我稱之為——冰棒的智慧。

聽從媽媽的建議，我們報廢已經買下的冰模，重新添置比較小巧的冰模和木棒，做出更袖珍的果汁冰棒，並且實測過，男生大約十二口、女生約十五口可以吃完。食材的配比也重新調整，找出不容易融化滴水的最佳比例，一共有五種口味，裝在一個漂亮盒子裡，外盒經過精心設計，有乾冰冷藏功能，讓客人一盒一盒帶回家也不怕融化。

上市首日，一個上午賣出不少冰棒，正當大家慶幸首賣就有佳績之際，中午過後我接到一位客人來電抱怨：「你們的冰棒怎麼吃起來苦苦的？」接下來又接到第二通投訴電話，放下話筒，我叫同仁們把冰棒拿來，大家一起拆掉冰棒套試吃。我先試一枝，發現有淡淡苦味，心裡暗暗叫聲不妙，又拆了幾枝請同事嘗嘗，發現有些有，有些沒有。

回過頭尋找苦味來源，才發現問題出在製冰用的冰模，原本冰模應該要用線銲，當時我們重製冰模，廠商為了趕出貨，改用點銲，使得外頭急速冷凍槽內的高密度鹽滷滲露進來，污染了冰棒，造成苦味。由於不是每一枝冰棒都受到鹽滷污染，這下陷入兩難：要碰運氣繼續賣？還是全部銷毀？

掙扎幾分鐘，想到媽媽的冰棒智慧，我轉過頭請同事把已經製好的六千枝冰棒全數銷毀，重新來過。

因為這些插曲，原訂初夏上市的冰棒，拖到九月才推出。但一問市就大獲好評，客人品嘗後紛紛回購，變成最火熱的伴手禮。甚至還有經銷商為此上門接洽，希望爭取代售。我們考慮冷藏技術無法全面掌握，為確保品質，決定只在餐廳門市零售。儘管如此，限量供應的冰棒還是賣出驚人佳績，一天三家餐廳門市平均可以賣掉數千枝冰棒，盛夏時節更衝破一萬枝以上，這樣的銷售成績，一連持續多年。

後來這種小規模的生產模式，逐漸不符政府要求工廠轉型，走向現代化標準作業流程的規定，如果要為此重設專業工廠，又不符合生產成本，因為不想違反規定，又不願請代工 OEM 打壞招牌，只好忍痛收掉叫好又叫座的冰棒生意。

第六章

仁愛大店的磨練

開餐廳的人都知道生意要跟著人流走，因為，人流就是錢流！

一九八七年，媽媽一位企業界朋友，邀請欣葉到他位於仁愛路的大樓開店，希望藉由餐廳的名氣與人氣拉抬周邊房價。他的大樓正好位在仁愛路和新生南路口，是條四線道大馬路的交叉口，地理位置一流。但當時台北的商業中心以西門町和頂好商圈為主，三十年前的仁愛新生商圈，仍屬於安靜的住宅區，入夜後行人稀少，缺了集市人潮。

儘管如此，媽媽評估後還是一口答應下來，她的分析是：「台北市早年的大公司都開在中山北路上，後來才漸漸往松江路、東區遷移，如果有一天我們的客人都搬走了，餐廳的生意一定會受到影響，這是必須未雨綢繆的事。」

媽媽很清楚，欣葉如果沒有跟著消費商圈移動，過不了幾年很容易被市場淘汰，唯有隨商圈挪移才是王道。

那一年幾個股東一起開會討論開店事宜，媽媽派我和兩位長輩一起負責新門市，她希望我接下門市總經理的職位，我認為自己資歷尚淺，提議擔任經理就好，由另兩位長輩擔任副總。到任前她交代我：「你過去之後要尊重師傅，欣葉的生意會這麼好，全靠師傅的專業和努力換來的。」

未雨綢繆，勇闖新商圈

仁愛店是一個四層樓面六百坪的大店，當時大安區是一個以公務員和外省人為主的行政區域，那一帶沒有台菜餐廳，很多老客人聽說欣葉要到那裡開分店，非常不看好，紛紛規勸：「外省人只會去吃上海菜，怎麼會有人吃台菜呢？欣葉去那裡開店穩死的！」

被派到這樣一個台菜邊陲地打天下，有那麼一點蘇武被派到北海牧羊的味道，我知道我們必須更用心、更拚命，才能拚出跟本店一樣好的業績。開店之初我帶了兩百五十人在新門市工作。當年跟著我一起打天下的夥伴們很同心，我們每天工作到午夜，打烊後，大家留下來一邊暢飲啤酒，一邊檢討當日工作，直到凌晨三、四點，第二天早上全員照樣到班，繼續打拚。

這樣近乎全年無休地拚搏了一年，生意穩定了，月營業額近兩千萬，是欣葉各分店之最。等到一切都上軌道之後，大家才開始慢慢恢復輪班休息。

那一年，我二十六歲，成為欣葉最年輕的店長。我和仁愛店所有同仁用努力證明：那麼困難的事，我們克服了！

仁愛店一年就賣出亮眼成績，那段時間餐廳總是門庭若市，晚餐時段門口永遠有客人在排隊等候。因為生意好，人力自然吃緊，沒想到隨著生意蒸蒸日上而來的，是我們怎麼都沒有想到的一波危機，仁愛店出現人員出走潮。

一九八八年，正是台灣景氣往上衝的年代，股市一路飆升，經濟尚未泡沫化。景氣好的年代，人們手頭閒錢多，外面誘人的賺錢機會也多。仁愛店第一波離職潮，有好幾位同仁辭職說要改行去擺地攤。第一批人走了沒多久，又有一位同事遞上辭呈，我一邊批辭呈一邊問他，離職後有何打算？這位同仁告訴我要轉戰直銷業。

那是直銷公司紅翻半邊天的年代，這位轉做直銷的同事，工作一個月之後，穿著畢挺的西裝，開著百萬名車，回到欣葉仁愛店用餐，大家好奇地圍著他問東問西，幾天之後馬上有人跟進遞辭呈，我關心問

仁愛店不但坪數大，還有美麗窗景可賞。

他們要去哪裡高就？他們告訴我想轉做前一位同事的下線，也投入直銷業，因為聽說「直銷好好賺！」

直銷搶人，員工出走潮

這一波直銷搶人攻勢兇猛，不久欣葉每一家門市都有人辭職轉行從事直銷，他們一個拉一個，像拔花生一樣一拉就是一串。我一看情勢不對，決定好好研究一下敵手——直銷業，到底葫蘆裡賣的是什麼藥？正好仁愛店有一位同事的姐夫，在某家直銷公司擔任藍鑽超級業務，我立刻動用關係請他來演講，藉此了解直銷的實際運作模式。

一番深談之後，我摸清楚了直銷的訣竅，以及直銷從業人員將碰到哪些瓶頸，這時候我回過頭打電話給那幾位一直回欣葉來挖人的同事，約他們隔天在仁愛路上的「老樹咖啡」跟我好好聊一聊。

當天在咖啡館，一坐下來，我開門見山明說：「如果你們四個人可以說服我做你們的下線，我就不追究你們之前來餐廳挖人的事。但是如果你們說服不了我，希望你們就此打住，不要再把欣葉的人給挖走了。」接下來的那兩個小時，我們雙方展開一場激烈攻防戰，他們列舉出直銷的各種好處，說服我投入直銷業；我則實際算給他們聽，直銷業勢必碰到的瓶頸。

舌戰兩小時之後，他們未能說服我，只好答應就此鬆手，不再到餐廳挖人。那一天我用四杯咖啡，順利為欣葉擋下人員被掏空的危機，事實上直銷業也如當日我對他們說的，發展到某個階段就會碰到限制。

八個月後，那幾位轉做直銷的同事先後都離開了直銷業，其中兩位甚至重回欣葉工作。

危機就是轉機

欣葉仁愛店當年勇闖入夜後人煙稀少的住宅區，初看是個走鋼索的大膽決定，但所謂危機即轉機，人少車寡的大馬路邊，也提供了絕佳的停車機會。因為好停車，很多有車階級特別喜歡到仁愛店用餐，開幕三、四個月之後，知名度打響了，開車來的客人越來越多，車子就停在路邊，剛開始很好停。隨著生意越來越興旺，車子逐漸在店門外排起隊來，一排兩排三排，最高紀錄曾有四排車輛同列在新生南路上。

仁愛店的車陣長龍越來越可觀，引起交通警察注意，租用停車場的問題刻不容緩。於是我騎著摩托車在餐廳附近繞了一大圈，發現過信義路之後的新生南路，靠近大安森林公園（當時大安森林公園還未闢建，那一大片是眷村區）的路旁幾乎空盪盪，非常好停車。

當時仁愛店聘有八位代客泊車的服務員，用餐時間一到，客人的車子一輛接一輛駛入，代客泊車的服務生開始他們的工作：開單、接過鑰匙、將車開到停車場停好，再小跑步返回餐廳門口，繼續下一趟服務……幾乎片刻不得閒。現在要把車子停在距離餐廳較遠的地方，如何克服泊車員往返時間，變成最大考驗。

我思考幾天，終於想出解決之道。過去客人請我們泊車，都是用完餐結帳後，才拿著停車單來到門口，請泊車員將車駛出。現在車停遠了，必須增加取車時間，又不能讓客人在門口久等，因此我請外場服務生幫忙留意，只要發現那一桌客人的餐後附贈甜點麻糬上桌了，先開口詢問該桌客人有沒有把車子交給我們代停？如果有，服務生立刻通知一樓的泊車服務員，預先將車開回餐廳門口等候。這樣客人結完帳馬上就可以領車，省去等候時間。我同時要求泊車員，把車子開回餐廳前，順手把車上的灰塵撣一撣，讓客人拿回的是一輛乾淨的車子，這個舉手之勞讓客人們大為滿意，紛紛讚美我們的服務窩心。

幾年之後，陳水扁當選台北市長，大力整頓交通，路邊拖車頻仍，為了幫上門用餐的客人顧好車子，我們也模擬出一套作戰策略，由店裡派出一位阿伯守在建國南路和仁愛路口，那裡是拖吊車的集散據點之一，遠遠看到幾部拖吊車往新生南路方向開，哨兵阿伯馬上用無線電對講機通知店裡，我們一收到警報，立刻派出泊車員挪車，如此這般，你拖我挪，好像躲貓貓一般，為客人躲過車子被拖吊的命運。

仁愛店的停車問題，讓我學習到重要的一課：有些事初看是困境或危機，只要願意換個角度去看，加上懂得化解之道，危機往往就是轉機。像我們礙於停車位難尋，主動為客人提供的挪車領車服務，不但成為仁愛店的口碑，更因為多了這項服務，原本客人酒足飯飽之餘的餐後閑聊時間，經常因為車子已被泊車人員開到門口而被迫縮短，讓仁愛店的翻桌率大幅增加，成為意外收穫。

算命師的醍醐灌頂

二十六歲當上仁愛店店長，很快做到每個月兩千萬元的營業額，年紀輕，加上成功來得快，當時的我是嚴格主管。為了督促大家拚出好業績，我對員工要求高，加上經營一家六百坪大店的沈重壓力，只要遇上講不聽的員工，年輕的耐性一下就被往上冒的火氣蒸發掉，發脾氣、罵人，甚至揍人都不是稀奇事兒。這一點，年輕時候的我跟母親截然不同，面對員工，她素來好言規勸，透過溝通循循善誘。

在餐廳，忙碌緊張的內外場，都是壓力大、火氣也大的地方，年輕老闆碰上不服氣的員工，一言不合，擦槍走火時有所聞。有一天我發現一位外場同仁又犯了不該犯的錯，見他屢勸不聽，一時怒火攻心飆罵了起來，嗓門不知不覺越來越大，正好被來巡店的媽媽聽見，她立刻出聲喝止，還當場說了我一頓。從小很少被媽媽責備的我，一時間不能接受，憤憤不平之外，更多的是不被了解的委屈。

為什麼罵我？我心裡想，我是為他好啊！憑什麼被罵的是我？這種委屈，在心裡愈想愈發酵，不久就滿溢到幾乎要爆炸。

不想幹了！我把東西往櫃檯一丟，摔門走出餐廳。

當時是晚上六點多，餐廳生意正忙，同事們看到我，紛紛跟我打招呼，我沒理，寒著臉直直往門外走。走出餐廳，夜幕漸攏，馬路上車水馬龍，大家都有要去的方向，唯我沒有。去哪裡好呢？我跳上計程車，請司機直直開下去。

車子沿著新生南路往北走，過了光華橋（編按：光華橋已於二〇〇六年一月二十九日拆除）來到松江路，一路行過南京東路、長春路，再駛過民生東路，很快來到民權東路口，然後，我看到行天宮。

人生怎麼會這樣呢？內心充滿疑惑的我，想去行天宮問一問：我這麼努力，為什麼得不到認同？於是我請司機停車。

行天宮裡香煙繚繞，我坐在台階上看著人來人往，有人捻香，有人問事情，有人收驚……靜靜坐著的我，心情漸漸平靜下來。我放棄向神明要答案的想法，緩緩步出行天宮，沿著民權東路往吉林路方向走去，走到亞都飯店又折回來，再次走回行天宮的時候，突然發現對街有一間命相館，我心想：「既然行天宮問不到答案，乾脆把問題交給算命師傅吧！」

平生第一次我坐在算命師面前。算命師是一位中年婦女，她問我：「少年耶，你想問什麼？事業還是婚姻？」

我答：「我想問做人。」

算命師聽後一愣，意味深長答：「這裡頭學問很深喔。」她請我給她生辰八字，我如實報上，唯有時間不能確定，隨口答說：「早上出生的。」

算命師問：「你有幾位兄弟？在家排行老幾？」我說自己是老么，上頭有一個哥哥。

她掐指一算：「你的時辰不對喔。」當天我帶了點找喳心態，不服氣追問：「難道這樣就不能算了嗎？」

算命師抬頭看了我一眼，微微一笑說：「當然可以。」她請我伸出手來，先仔細看了我的手相，再端詳我的臉，然後她說：「用嘴巴說的不準，我寫下來給你看。」她陸續從身旁的書架上挑出一本又一本書，邊挑邊翻邊寫，告一段落後，她抬起頭對我說：「我說一項，你聽一項，說中就點頭，不準不要錢。」

然後她開始說了：「你某年某月生，個性屬文火，是悶著發火的人……」她從個性說起，一項一項把我從小到大重要的事都說了出來，包含我當時的人生狀況以及一些只有自己知道的私密事件，都被她一一道出。一口氣說完後，中年女算命師看著寫得密密麻麻的算命紙簽，問：「有準嗎？」

我點頭如搗蒜：「真準！」那一刻我內心對她的料事如神很驚訝，但又不服氣，忍不住重重拍了一下桌子追問：「妳憑什麼算得這麼準？」

算命師抬眼看我，輕輕地說：「年輕人，不是我算得準，是書上寫的。」她把手邊好幾本書，一本一本翻給我看，果然算命紙簽上一條一條的運程，清清楚楚羅列書上。突然之間，我的淚如雨下，算命師的話像一盆冷水當頭澆下，熄了傲氣，滅了火氣。

原來如此啊，原來我的命早已寫在書上，生命的過程像密碼，記錄在書裡靜靜等待開啟，我還有什麼好怨的？

我付給算命師一千元，雖然她算一次只要五百，但是我心甘情願地付出雙倍價錢，感謝她的醍醐灌頂，讓我知道人生的命運有著不可知的因緣牽動，有些是冥冥中注定好的，我們不能改命，卻可以決定自己面對命運時的心態。我第一次知命了，它跟認命不同，認命是被動接受命運安排，什麼都不做；知命則是願意面對生命的每一個過程，並且勇敢面對它。

這是我第一次算命，也是最後一次。離開算命攤，再度跳上計程車，晚上九點重新回到仁愛店。彼時用餐人潮尚未散去，餐廳外燈火通明，餐廳內菜香繚繞，笑語喧鬧，那是我最熟悉的人間煙火。

第七章

生命中的各種貴人

人不輕狂枉少年，年輕時候的我的確充滿莫名的勇氣、傲氣和火氣，跟員工衝撞只是其一。我被媽媽責罵後，隔天她把我叫到辦公室，好言告訴我為什麼罵我？她說：「你想做好，罵他可能出於善意，你的出發點是好的，但是方法錯了，態度也不對，結果可能根本達不到效果，你要帶人不能這樣做。」她非常有耐性傳授我如何帶人帶心的方法。

就在身邊的逆貴人

比起我跟員工的衝突，我想媽媽更煩惱的，應該是我和哥哥從小到大不斷的爭吵吧。哥哥大我三歲，我們兩人是天生冤家，對事情的看法南轅北轍，從小打架打到大。雖然哥哥多半讓著我，但我總是不服氣，為了我們這對天天吵不停的兄弟冤家，阿嬤和媽媽不知操了多少心，總想撮和我們兩人握手言和，可惜總失敗。

「和好？這輩子不可能。」我撂下狠話：「下輩子再說吧。」

哥哥學商，學校畢業後曾在歌林公司待過一陣子，一九八二年加入欣葉，跟我一樣都是半路出家的餐飲外行，進入欣葉後，他努力進修餐飲相關知識。

年輕時候，媽媽曾拿著我們兄弟倆的八字，找師傅為我們訂製開運印章，印章師傅一看到哥哥的八字就稱讚：「這是好命的八字啊！」等到去取印章那天，印章師傅還是鐵口直斷：「哥哥鴻杰（後來哥哥改名韋進）是老闆命，這個弟弟是老鼠命。」而所謂老鼠命，我後來才知道是有做事才有飯吃的意思，也就是所謂的勞碌命吧。

我讀大三那年，一位長輩曾經問過我：「將來你們兄弟倆是不是要一起繼承家族事業？」我當時的心態是拒絕的，總覺得餐飲業是女人的生意，而我想做大事，女人的生意可不是我要做的。加上後來哥哥進了欣葉，我想餐廳有他已經夠了。

沒想到哥哥進欣葉兩年後，我也進了餐廳。兄弟倆同公司的結果，是哥哥變成永遠的反對黨，我提出的建議，他永遠持相反意見。我二十九歲那年，媽媽去日本養病，公司交給我和哥哥負責，他是副董，我是總經理，我負責業務執行，他負責審核蓋章。哥哥依然是反對黨，但這是第一次因為媽媽不在店內，我們必須攜手合作，帶領著欣葉繼續往前行。

這麼多年來，我們依然沒有學會兄友弟恭，意見仍然不合，但至少不再吵架了。幾年前，我無意間聽到一位命理師說過一句話讓我深有所感，那句話是這麼說的：「只有七世的夫妻，沒有再世的兄弟。」當時已經知命的我心想，如果這個邏輯成立，那麼我和哥哥就只有這一世做兄弟的緣分了，想到沒有再一世來和解，只有把握住這一世機會，好好面對哥哥。

於是我改變自己的態度，很奇妙地哥哥也有了改變，以前他會為反對而反對，現在終於放下這種對立。我們仍然會意見不合，但已經不容易再有衝突。我的心態是：我不同意你的意見，但我尊重你的看法。

活到某個年紀之後，人生漸漸有些明白，總是反對我的哥哥是我的逆貴人，這一生你可能有許多貴人，但不一定會有逆貴人，生命中只有貴人，沒有逆貴人，就像有些人一路走來總是順境，沒有逆境一樣，總缺少了那麼一股逆流而上的衝勁。

這麼看來，永遠持相反意見的哥哥，原來才是生命中最大的貴人啊！

貴人的一句話打破迷思

一九九〇年夏天，波灣戰爭開打，伊拉克進軍科威特引發石油危機，對全世界的經濟都造成嚴重衝擊，這

年輕時忙著做生意的李秀英，難得有空帶兒子出外踏青（右邊是老大韋進，中間是老二鴻鈞）。

波經濟震盪不久也影響到台灣，景氣低迷讓仁愛店的業績在那陣子不斷下滑，我感到非常苦惱。

有一天一位長輩到仁愛店用餐，順口問我：「最近生意好不好？」

我無奈表示：「最近大環境不好，生意有點差。」

大概看到我有點喪氣，這位長輩安慰我說：「生意差沒關係，看你是要做生意，還是做事業？」

他的話勾起我的好奇，連忙追問：「生意和事業有什麼不同？」

長輩說：「做生意是一時的，每天賺錢有收入進帳就好，不用去想明天。做事業就不同了，事業是永續的，就算現在生意差一點，但你可以把握現在做長期規劃，只要持續好好經營，一時生意差根本不算什麼，它總會過去的。」

這番話像一根棒槌，把一直埋首於報表數字而煩惱不已的我，徹底一棒敲醒，我恍然大悟做餐飲生意和做餐飲事業，原來有兩種截然不同的看事情角度。他的話彷如幫我推開一扇窗，原本被業績數字困住的心，因為湧入清新空氣，徹底放鬆了，突然之間，心中又充滿勇氣。

人這一生中難免會碰到困境，也會遇到願意幫助我們的人，對於這些伸手拉我們一把的人，我們通常用一個名詞統稱之，叫作貴人。

我的生命中有許多貴人，他們有的提供我直接的幫助，有的陪伴我度過人生難關，有時候也可能如上述這位長輩，只是在無意間說出一兩句話，卻意外為我打開一扇窗，讓我看到不同風景。對我而言，他們都是生命中珍貴的人。

兩位女性貴人

回首我的人生旅程，貴人不少，其中有兩位女性貴人非常重要，不能不提。

我生命中第一位也是最重要的女性貴人，是我的母親。她不但給了我生命，也是我生活和事業上最好的導師。記得當年我初入社會，媽媽曾經語重心長叮囑我：「在社會上工作，交朋友很重要，俗話說：『龍交龍、鳳交鳳。』你交的朋友往往決定了你的人生高度。交朋友必須包容朋友的缺點，這樣朋友才交得久，交得深。」

後來我接任欣葉總經理，經常想起自己初進這行時，母親的提醒：「你用員工要盡量多看他的優點，因為每位員工都有優缺點，你多看優點，這個員工你才用得下去，把對的人放在對的位置，慢慢你就能建立起自己的團隊。如果你只看員工的缺點，看這個不滿意，看那個也不滿意，久而久之，你會沒有員工可用。」這幾句話至今仍深銘我心。

媽媽是停不下來的人，她很少回頭看，總是不斷往前，不斷超越自己，她的對手不是別人，而是自己。很愛泡溫泉的她，甚至從泡溫泉中領悟出如何做好一件事的道理。她說，泡溫泉的時候，真正能讓人冒汗的溫度是攝氏四十三度，當你泡在四十一或四十二度的溫泉水裡，只會感到熱，卻不一定會流汗。一旦溫泉水的溫度來到四十三度，人一泡下去，汗馬上飆出來。她從中悟到，成功的真正關鍵，往往就在這一、兩度之間。

因此她認為，開餐廳做料理，絕對不是客人單純一句好吃就夠了，經營者和廚師都應該期許自己做得更多，這是她的工作哲學。面對事業，媽媽非常有衝勁，她經常告訴我：「只要你評估過認為是對的事，去做就是了！別想那麼多。」她堅持做事和做生意都不應該只看近利，對朋友、員工和客人要真誠以待，這些身教和言教影響我至大。

我的另一位女性貴人，是烹飪大師傅培梅女士。傅老師是媽媽的好朋友，很多年前她們一起去山東參加一個研討會，雖素昧平生，卻一見如故，旅途中兩人坐在車上，總有說不完的話，一日遊程結束，回到旅館房間繼續聊，經常聊到半夜三更。

她們兩人都是對美食有熱情、有堅持和理想的人，難怪特別惺惺相惜。傅老師的日文好，加上她在中菜烹飪界的地位，使她在日本美食界擁有崇高位份，她應媽媽之邀，多年來擔任欣葉的美食顧問，幫欣葉牽過不少線，是公司重要的貴人，也是我的重要貴人。

陪我一起打拚事業的同仁，也是貴人

在我這一路打拚事業的過程中，還有幾位長輩一路陪伴著我，他們可以說是我事業上的貴人，其中包括教我人情世故的費叔——費振華、給我美學概念的葉瑞全葉副總、幫我搞定後場的阿南師——陳渭南，以及我的堂叔坤叔——李伯卿，沒有他們，我的接班之路不會那麼順利。

坤叔是欣葉早年的公關大將，專門負責打理對外公共事務。坤叔的酒量很好，他也是我的飲酒老師，我接仁愛大店之初，一下子要管理兩百五十名員工，媽媽怕我一個人應付不過來，特別請坤叔在我身邊幫忙打理一切。在餐廳裡我們兩人的角色互補，管理員工時如果我扮黑臉，坤叔就會扮白臉，擔任出面協調的角色，從基層做起來的他，因為比較了解「呷人頭路」的心情，由他安撫員工情緒，效果特別好。

對外應酬上，坤叔更幫了大忙，他的酒量好，可以幫忙擋酒，我們兩人有一個默契，就是場子上只能有一個人喝醉，這樣至少另一人是清醒的，不會誤事。我跟坤叔搭檔十多年，從他身上學到不少人際關係的竅門。

費叔和葉瑞全副總都是欣葉的股東，費叔早年任職稅務單位，退休後成為欣葉股東，他處事圓融，我從他身上學到人與人之間的包容和另一種人情世故，他在財稅方面的專業，為欣葉提供許多寶貴意見。以開立統一發票這件事為例，當時囿於各方面條件未能完全配合，我們雖盡力開發票，卻始終未能做到百分之百完稅，市面上許多餐廳當時都跟欣葉面臨一樣的問題，有些業者因為不想補稅，乾脆結束營業或改個名字另起爐灶。欣葉不願意這樣做，在費叔建議下，我們直接跟國稅局洽談協商，希望他們給予一段彈性時間，讓我們慢慢把稅補齊，經過八個月，最後終於做到百分之百完稅，從那時候開始，欣葉一直是國稅局的模範納稅人。

葉瑞全副總和阿南師，是欣葉展店時的內外兩名大將，他們一個主外一個對內，我們聯手組成最具效率的開店團隊，主外的葉副總幫忙裝潢，阿南師則搞定後場。很會做菜的阿南師，是一位聰明絕頂的廚師，不但懂得如何把菜做得好吃，也深諳帶人用人之道，廚房就是他的天下和王國。

我記得當年欣葉世貿店想改做蒙古烤肉，有一個沙拉吧檯的尺寸始終喬不定，阿南師和室內設計師因為觀點不同，對於長度各有堅持，曲曲一尺差距，兩人僵持不下。為了爭取我的認同，接連好幾個晚上，餐廳打烊後我都接到阿南師打來的電話，他在電話那頭說明自己堅持的理由，我陪著他聊，好幾次聊到天都快亮了。在充分了解他求好心切的想法後，最後我幫忙他一起說服設計師，按照阿南師的想法把沙拉吧檯做出來，因為我相信有堅持的人才能做出好東西。

這麼多年過去，我時常還會想起這些生命中經過的貴人，感謝他們的參與和慷慨付出，幫我也為欣葉留下珍貴的成長足跡。

第八章 不只一間餐廳，更是一門事業

我二十九歲臨危受命接任欣葉總經理一職，那一年媽媽赴日養病，離開前留給我三本筆記本，本子裡拉拉雜雜記載著餐廳十多年來的一切，這是第一次欣葉的擔子正式放在我的肩頭，面對爬滿數字的報表，我首次以做事業的嚴肅心態來面對餐廳經營。

因為不懂的東西太多，能教我的媽媽又遠在國外，我只好上書店找些專業書籍來學習，一找之下才發現，當時台灣的餐飲專書貧乏到可憐。書店的書架上有教人開旅館的書籍，卻找不到一本指導人如何把餐廳開好的書，於是我利用飛去日本探望媽媽的機會，上東京各大書店尋找可以解惑的書籍。日本的餐飲專書種類繁多，分類詳細，從連鎖餐廳的經營，到如何打造一間個性餐飲店，都分門別類闢有專書。

當年我一口氣抱了四本書籍回來慢慢翻讀，這才發現看似簡單的餐飲業，裡頭竟然藏著那麼多專業，絕對不單純只有把菜做好、跟客人打好關係如此而已，要把餐飲當事業，必須學會看趨勢，判讀市場景氣，做好危機管控，更要懂得危機處理。

實務經驗外，自學餐飲知識

在這之前我不會做報表，也看不懂損益表，因為身任董事長的媽媽總是把一切事情都做好了。接任總經理後，我立刻去買了一台286神通電腦，一個Lotus 123的套裝軟體，每天忙完公事，晚上就抱著書，敲著鍵盤，仔細研究各種報表，我自己摸索著用電腦敲出第一張損益表，慢慢學習看懂上面的數字符號，終於搞懂餐廳那一筆帳是怎麼算出來的。

餐飲知識，我靠自修而來，餐飲實務，則從欣葉日日面對的問題和挑戰中累積。我發現餐飲業跟食品工廠的流程其實沒有太大差異，工廠是業務接到訂單後，交由工廠生產，然後出貨，它的流程比較長。餐廳就快多了，客人點完菜，外場打出菜單，廚房接單後馬上烹製，隨即出菜，客人品嘗驗收，製造、消費到買單環環相扣，整個流程最短也最即時，相對成就感也來得最直接而快速。

我對餐飲業的興趣與喜愛，是在了解到餐廳有那麼多專業知識和學問之後，慢慢累積出來的。從那時候開始，我逐漸轉變想法，餐飲業不只是水生意，隨隨便便開一間餐館而已，它應該認真以對，發展成為一門事業。

但是一間餐廳想要發展成為一門長久經營的事業，就不能只滿足於口味好、服務親切，餐飲事業牽涉深廣，除了良好流暢的內外場配合以及穩定的供應鏈，想在這一行可長可久，需要許多單位部門環環相扣，從財務會計、衛生管理、資金調度、稽核、勞務、營銷、設計到人力資源的召募、培訓、行銷公關，每一個環節都攸關著這個餐飲事業的未來發展。草臺班子闖天下的餐飲時代已然過去，總經理的任務，就是要建構起完整健全的公司制度，確保運作順暢。只要企業的體質強健，外邪便不容易入侵，即使遇到挫折打擊，復原也快。這跟人的身體健康就不容易生病，道理是一樣的。

耐著性子一步步改變

為了帶領欣葉趕上時代，迎向專業，我的第一個挑戰，是讓欣葉的管理電腦化，公司制度化。

早期的欣葉可以說是一個家族企業，媽媽創業那段時間，由於餐廳發展速度快，生意好，很多親朋好友被她找進餐廳幫忙。媽媽向來待人親切真心，她帶領下的欣葉像個大家庭，她自己則像大家長，因此當時大部分同事們都叫她「內桑」或「阿姐」，反而少有人稱呼她「董事長」或「老闆娘」。

其實這種大家庭式的經營模式有利有弊，好的一面來說，因為都是一家人，在生命共同體的維繫下，很多事情推展起來比較有效率。但企業最怕公私不分，如果分不清的地方又在帳務上，久而久之就會形成為一個缺口，甚至釀成危機。這麼多年來我看到坊間許多餐廳，因為家族經營的關係，公私不分，最後變成一筆糊塗帳，輕則鬧分家，重則關店破產也時有所聞。

早年欣葉也有類似狀況，餐廳櫃台的抽屜裡擺著當日收入，有時候臨時需要支付一些貨款或周轉，大家就從抽屜直接抽拿鈔票，當時餐廳規模沒有那麼大，帳面管理也沒有羅列所謂的零用金，通常都是今天收了現金，需要支付什麼錢，直接從櫃檯拿錢出來，晚上再由媽媽統一結算。

這種做法一旦養成習慣，慢慢衍生出弊端，因為人的記憶是有限的，尤其忙碌的時候，誰拿了錢支付哪一筆款項，到了晚上經常連當事人都記不清，抽屜裡的營收每晚在結算時，總有擺不平的窟窿。我接任總經理的第一個月，還發生過放在抽屜裡的三十萬不翼而飛的懸案。

因此，我擔任總經理之後宣布的第一個政策，規定所有人從今起不可以直接從櫃檯拿錢，連董事長也不例外，我要求餐廳的帳目從此要清清楚楚。會計開始在帳目上增列零用金，專門用來支付日常支出。

除了帳目問題，我進入欣葉工作三、四年之後，還觀察到餐廳裡一些存在已久的陋習，譬如採購不透明，管理上也沒有建立一套系統，有些事做起來總覺得效率不彰。我把自己觀察到的說給媽媽聽，媽媽鼓勵我：「你就去照著想改的去試試看啊。」

於是，我把改革方法想好，把心情準備好，只等時機來到。

一年後，仁愛店開幕，我擔任店經理，我覺得時機終於到了，決定先從這個新餐廳著手改起，因為包袱較少，推動改革的阻力也比較小，於是在仁愛店，我一步步按著早已規劃好的方向調整，逐步讓欣葉從一個傳統餐廳走向制度化。

帶著股東與廠商一起成長

早年消費者使用信用卡的習慣不普遍，公司行號上餐廳交際應酬，宴請客戶多採簽帳方式，我從大一開始，下課後就經常背著書包幫忙四處收帳，還好欣葉的客人都是熟客，很少遇到收不到錢的呆帳。那時候許多人經營餐廳，都抱持只有今天沒有明天的想法，因為只看現在，所以能賺的錢要盡量賺，可以逃的稅一定要逃。

我想把餐廳變成事業長久經營，體認到只有財務正常化才能讓餐廳的經營走上制度。而想讓欣葉的財務正常化，首先要做到進貨和銷帳都要清清楚楚完全透明，偏偏在我接手之初，這是非常難以做到的事，當時帳簿上的帳目很簡單，沒有交代來龍去脈，翻開帳本就會發現其中不清楚的內容實在太多。

隨便舉個例子來說，早年餐飲從業人員還沒有納入勞基法，外場服務生和內場廚師的薪水都是拿「清一」的，也就是不先扣稅，餐廳沒有實報實銷，可能我們付給員工一萬元薪資，報出去卻僅有七千。另外餐廳進貨，供貨商幾乎不提供任何收據，遑論開立發票。正因為進貨憑證不完備，餐廳許多帳目無法正常銷帳，帳上虛增的利潤太多，財務一直無法做到百分之百完稅。

早年媽媽手邊的資金有限，每開一間分店，都會找一批志同道合的股東入股籌資，因此早期欣葉每間店的股東都不一樣，持股比例也不同。等到我想經營「欣葉」這個品牌，朝企業化發展，首要任務就是重整各分店股東的股權和股份，重新分配進總公司的持股當中。而我想要做到進銷平衡，讓財務正常化，這個過程也必須充分向股東們說明。

為了讓欣葉早日達成完稅目標，銷帳部分我需要供貨商全力配合，還要說服員工，不但薪資必須實報實銷，同時要先扣所得稅。這些現在看起來再平常不過的事，當年推展起來卻困難重重，一開始我遇到很多阻礙，只好以時間換取改變的空間。

以重新分配持股比例來說，一開始從董事長到股東都持反對意見，媽媽的想法是欣葉這個品牌是她一手創建出來的，為什麼要拿出來跟股東共享。我先說服她，花了四年時間才獲得她的認同，進一步與股東們溝通時也碰到阻力，他們的直覺反應都是抗拒：「我在這間分店生意做得好好的，為什麼要參與其他店的盈虧？」眼看問題一時糾結無法解決，只能暫時擱下。等到幾年後各店租約陸續到期，我一家一家門市分批解決，先將各店的淨值算出來，再按比例將股東們的股份，合併計算進公司總股份中，找出大家都能接受的持股方案，順利解決了棘手的持股問題。

員工的薪資給付同樣花了三到五年慢慢處理，公司先一步步讓廚師納入勞保，並實報薪資，後來等到政府宣布實施勞退新法，這個問題一下子全部翻轉過來。日後我跟友人分享自己推動改革的經驗時，經常提醒他們不要忽略大環境的重要性，**有些變革一開始推行**

起來困難重重，是因為時候未到，這時候不要急也不要失志，不妨先把方法想好，心態準備好，等有朝一日時機成熟了，改變的契機自然手到擒來，機會一向只留給有準備的人。

請供貨商開立發票這件事，剛開始推展時同樣阻力重重，我們與這些供貨廠商合作多年，他們的生意都是從父親或阿公時代一路傳承下來的，那個年代做農產品批發的盤商不開收據，更沒有發票。一開始聽到我們要求開立發票，供貨商反彈極大。經過我們一步步勸說，先說服他們開收據，請他們在供貨時附上清楚憑據，等他們接受也做到之後，再一步步導向開立發票。

為了輔導供貨商順利轉型，我們甚至教導他們如何申請稅籍，帶他們到銀行開戶。從前我們開支票支付貨款，後來希望改以電匯支付，光為了這點改變，也費了一番唇舌溝通，我們跟廠商解釋電匯其實比支票方便多了，可以為他們節省寶貴時間。

推動這些變革，雖然耗時費力，卻是非做不可的改變。我當時的想法是，這些供貨廠商都是多年來與欣葉合作已久的夥伴，生意是合作共榮的，不可能只有自己好，你在往前走的同時，一定要帶著你的夥伴一起往前，這樣你進步，他也進步；你好，他也好，大家的合作才會愈來愈有默契，做起事來也會愈來愈順手。

做生意絕對不能自掃門前雪，你的員工是你的夥伴，你的客戶如同你的老闆，你的合作廠商是你最堅實的後盾，他們的瓦上霜，當然也是你要關注的事。

電腦化的推動勢在必行

電腦化浪潮在一九八〇年代晚期襲捲而來，全世界都逃不開這個勢不可擋的潮流，差不多就在我接任總經理一職之後不久，我看到電腦化是餐飲管理的未來趨勢，與其將來做，我想不如現在就開始。

當時除了觀光大飯店，坊間沒有什麼餐廳採用電腦化管理。我們想找電腦公司幫忙建置電腦化作業系統，跟很多電腦公司洽談過，但他們提供的作業系統太龐大，並不適合欣葉使用。我花了三年時間，才找到一家友華資訊願意跟我們合作。這家資訊公司本來只開發供單家餐廳使用的電腦套裝軟體，我請他們把單店套裝軟體改成可供多店使用的軟體，友華特別找了一組人，專門負責這一整套軟體開發的工作，沒想到合作半年多，程式還沒有寫完，友華就結束營業了。

我覺得電腦化勢在必行，乾脆把那一組軟體開發人員，延攬進入欣葉繼續研發，不只進貨採購，也包括了財務報表、庫存到人事，前前後後花了七年時間，才逐步修正完成。

有了適用的電腦軟硬體，接下來更重要的工作，是鼓勵同事們熟悉及使用它。剛開始，大多數員工都排斥，覺得電腦化是一件麻煩且沒有必要的事。

「我們現在不是做得好好的嗎？為什麼要改變？」

「為什麼要用電腦？電腦也沒有比較好啊！」

這是當時我聽到的不同意見。尤其在全面電腦化之前，使用者要先透過學習來熟悉操作，這增加了同事們的工作量，因此不少人都採觀望態度。

身為一個政策推動者，我必須努力為欣葉導入現代化的企業管理方式，讓過去因為缺乏有效管理，充滿模糊地帶的老店，一步步透過制度化與電腦化，愈來愈透明。但是我也了解人都有習慣性，只要日子過得下去，人們通常不那麼喜歡改變，很多人甚至一聽到改變二字就豎起汗毛，直覺抗拒：「一定是我有錯才要改。」

後來我學聰明了，學會更換一種說法，我告訴大家：「讓我們試一些新的方法，讓這件事變得更好。」非常奇妙地，同一件事只因為換了一種說法，推動起來阻力變小了。

電腦化也一樣，我安撫大家不要莫名恐懼，告訴他們電腦並不可怕，讓大家先放下心裡的排拒，然後重申公司推動電腦化的決心，我鼓勵大家先接觸看看，只要願意放下成見，就會覺得學習電腦其實沒有想像中那麼難。

果然大家使用之後，發現電腦化不但沒有造成任何不便，反而幫助工作更有效率：廚師可以透過電腦，清楚掌握食材控制是否得宜。外場經理透過電腦報表，清楚看到每一家門市的人事調度、加班狀況和費用支出。經過一段時間的訓練和使用後，許多員工熟悉了發送email，學會看報表，懂得怎麼去掌控成本與進度。

自從公司管理電腦化和制度化之後，原本模糊的地帶漸漸減少，效率增加，員工們體會到電腦化的種種好處，公司內部也愈來愈透明，員工知道公司在做些什麼，增加了他們的參與感，自然也強化他們對公司的向心力。

第二篇

用心，無所不在

第八章 不只一間餐廳，更是一門事業

第九章

機會與風險的選擇題

英國劇作家莎士比亞名劇《哈姆雷特》中，男主角哈姆雷特有一句膾炙人口的對白：「To be, or not to be? That is the question.」劇中所指「是生存還是毀滅，是一個值得考慮的問題。」但這個經典問句，可以延伸到生活中的所有取捨：展店還是不展店？要做或不去做？都是我經常反覆問自己的問題，因為機會和風險，經常只有一線之隔。

開餐廳的人，沒有一個不想歡笑收割，可惜這市場上的鐵板無處不在，踢到鐵板拐了腳的情形普遍皆是。

那麼欣葉四十年來有沒有踢到鐵板過呢？

答案是有的，而且不少。

從踢鐵板中學教訓

一九八八年，欣葉東王店開張，主打「㕆呷火鍋」和「日式無煙炭烤」，這是媽媽精心研發的餐飲新模式。當時無煙燒烤還沒有在台灣風行起來，欣葉開風氣之先，這間位於台北民權東路和復興北路上的新門市，正好處於商業區，又臨雙馬路，地利條件相當不錯，我們花了二千四百萬裝潢，爐具設備都從日本進口，開幕前一週大家不斷試菜，這幾乎是早年欣葉開新店的標準模式，媽媽覺得開餐廳滋味重於一切，開店前總是不斷進行菜色修正，一改再改，總想做到盡善盡美。

除了一而再，再而三試菜，整個開店發想和計畫，也統統裝在媽媽一個人的腦中，當年欣葉沒有什麼開店計畫書，媽媽一人包辦了構思、規畫、企畫到菜色研發等多重角色。每開一間新店，起碼忙碌半年以上，體力透支太過，使她每開一間餐廳，至少掉好幾公斤，有時甚至大病一場。

東王店的唎呷火鍋和無煙炭烤，在當時是一種全新的餐飲模式，員工們都沒有經驗，開店之前雖頻繁試菜，但對於餐廳提供的新食材和服務方式，只有董事長一個人最清楚。開幕當天，店經理拿著剛印好的簇新菜單，根本不知道如何推介給客人。還好當時上門用過餐的客人反應普遍良好，覺得東西好吃，主題又新鮮。只是經營半年後，生意開始往下掉，這家新餐廳的最大挑戰，是它跑得太快太前面了，加上營業面積過大，業績一往下掉，壓力倍增。

更大的陰霾還在後頭，沒有多久復興北路捷運開挖，沿線築起重重圍籬，施工揚起厚厚塵土，周邊店家全陷於灰頭土臉當中，因為塞車嚴重加上路障阻隔，東王店的生意日日滑落，我們苦撐三年仍看不到曙光，在高房租的壓力下，等到一九九一年我接任總經理，第一件事就是關掉虧損的東王店。

現在台北捷運四通八達非常便利，捷運線走到哪兒，那裡幾乎就是人潮聚集的金店面。但在二十多年前捷運動工那段時間，捷運等同「劫運」，碰到捷運工程開挖，幾乎等於宣判生意死刑，欣葉除了東王店，還有另一個慘痛經驗。

當機立斷的痛苦決定

一九九一年，我們想進攻婚宴市場，在台北復興北路和長春路口附近，看上一個五百坪的空地，打算承租下來蓋一棟地下三層、地上四層的獨立建物。這個計畫案總投資一億一千萬元，因為金額很大，我們跟房東一口氣簽下十年合約，付了巨額押金並開出十年的房租支票。誰知就在一切準備就緒，建築師開始畫設計圖的時候，附近的捷運又開挖了，交通黑暗期再度降臨。

請人打聽之後才發現，這一開挖大約要四年半到五年才能完全恢復，回家敲敲計算機，我發現這個婚宴廣場的投資，要到第八、九年才有可能回本，眼看是筆穩賠不賺的生意。賠錢的生意怎麼能做？我在開會時堅持這個案子不能做下去，取得董事長和股東們的共識後，我們跟房東展開協商，希望取消租約，最後我們賠上所有押金和六個月的房租，才順利取回已經開出的十年支票。

結算下來，這個投資案花了兩千三百萬元，卻連一塊磚頭也沒有看到。在當時這固然是一個痛苦決定，但既然發現錯誤已無可挽回，除了當機立斷，沒有更好的方法。

一九九四年，欣葉仁愛店嘗試經營居酒屋。籌備之初，我們考慮到台灣上班族不像日本人，下班後普遍有上居酒屋喝一杯的消費習慣，因此不敢做大，僅闢出六十坪左右的店面（後來增加到一百五十坪），菜單規畫以燒烤為主，酒水為輔，店名取作「口口串燒」。

當時我負責執行這個案子，一開始生意不差，但我們最大的失策是沒有積極開拓新客源，上門客層仍以仁愛店的台菜客人為主，原本居酒屋中酒水收入很重要，但欣葉的客人普遍沒有喝酒習慣，酒水營收拉不起來，縱然一個月可以做到二百五十萬元的營業額，仍然未能達標，加上料理串燒費時耗工，即使想擴大營業面積，料理檯端也難以銜接，經營一年多之後，因為不符坪效，只好黯然收場。

日式串燒雖然失利，卻給我們很好的學習機會。幾年後，新光三越百貨找上我們開設日式自助餐，這個曾經踢到過的鐵板，反過來變成珍貴的經驗，讓我們在面對挑戰時更胸有成竹。如此來看，生命中的成功和失敗都不是絕對的，踢到鐵板的時候，腳可能很痛，但在咒罵抱怨的同時，如果能學會記取教訓，就能避免重蹈覆轍，能夠這樣，每一次失敗便有更積極的意義。

一九九一年，欣葉止式進駐世貿商圈，那是台灣景氣大好的年代，股市攻上萬點，市場一片熱絡，搭上這一波股市熱潮，欣葉在台北市光復南路和信義路口，開了第七家門市。

世貿店跟仁愛店一樣，是一個雙面臨馬路的大型店面，共三層樓五百坪空間，最初三層樓都賣台菜，預估每個月可以做到一千六百萬的營業額，正式營業之後，我們發現再怎麼做，都只能做到一千兩百萬元左右，不超過一千三百萬，這樣結算下來每個月要虧損一百多萬，這可不是一筆小數目，怎麼辦呢？公司開會討論之後，決定在營業項目上做些調整。

第一本開店計畫書

那時候我有個朋友曹彬在天母經營蒙古烤肉，我們偶爾會聚在一起聊天，交換彼此的餐飲經營心得，他的蒙古烤肉餐廳開幕之初，曾邀請我上門給他一些建議。現在世貿店要調整營業方向，我覺得蒙古烤肉是一個不錯選項。

當時餐飲市場流行的蒙古烤肉分成兩派：一派是以「成吉思汗」為代表的老派蒙古烤肉，另一派則是天母「大可汗」為主流的新派蒙古烤肉；後者提供吃到飽的沙拉吧，桌上有餐墊紙和潔淨水杯。考慮到世貿店的寬敞明亮，開會討論後，我們決定讓出開闊的一樓樓面，改做蒙古烤肉吃到飽，二、三樓仍維持台菜。

為了在世貿店賣蒙古烤肉，我親自撰寫了人生第一本開店計畫，這其實是我從媽媽身上得到的啟發，多年來我看她竭盡心力展店，每開一家新店必大病一場，所有開店計畫都裝在她一人腦中，媽媽又是速度很快的人，員工跟在她身邊不一定追得上她的想法，難免會有溝通上的落差。我覺得如果能有一本用文字寫下來的計畫書，等於有了一套SOP（標準作業流程），有助於讓每一位參與開店工作的人，充分了解所有環節。

從來沒有寫過開店計畫的我，以當時台維餐飲顧問幫欣葉台菜製作的開店流程為範本，把我對於經營蒙古烤肉的想法，從人事管理、作業流程到組織規章，都寫成文字記錄下來，這是我的第一本開店計畫書。此後，我們開任何一家新店，都會先擬好詳細計畫，並透過文字書寫下來。

從金雞母變成鐵板的蒙古烤肉

沒有多久，世貿店一樓變身成為蒙古烤肉，二百二十坪的大店面，路人透過明亮玻璃窗，可以看到師傅揮動一雙大長筷，在鐵板上快速炒著肉片和蔬菜，充滿炫技的料理動作，吸客效果一流，生意果然一炮而紅。後來，欣葉仁愛店的涮涮鍋也換了主題，同樣改賣蒙古烤肉。這一波蒙古烤肉生意榮景，大約維持了七年，這段期間許多人都來找過我們，想複製我們的成功經驗。

最初是光復南路和南京東路口的一家店面，業者也想經營蒙古烤肉店，找上欣葉問我們有沒有興趣接手？當時公司開會討論，考慮這個點跟世貿店位在一條線上，為免彼此對打，反傷自己，我們回絕了，後來那個地點開了「蒙古帝國」。欣葉仁愛店將涮涮鍋改為蒙古烤肉之後，金山南路和濟南路口有一家店面也找我們去投資，接下來南京東路和松江路口，甚至華僑會館都派人來探尋合作的可能性。

那段時間蒙古烤肉彷彿變成市場顯學，業者一窩蜂搶進，市場就這樣一點一滴被分蝕掉了。歷經七年多的榮景之後，曾經是金雞母的世貿店蒙古烤肉，因為市場瓜分得太厲害，金雞母一夕變成生鏽的鐵板。一窩蜂是台灣餐飲市場的普遍現象，這是一種惡性競爭，因為拚命搶市的業者太多，不但瓜分掉市場大餅，也間接造成消費疲態，促使市場提早萎縮。

從經營蒙古烤肉的經驗中，我體會到投資做生意如打拳的道理，所謂三分拳、七分氣，做生意只知出拳，卻沒有堅持下去的底氣是不夠的，在餐飲市場上擁有一時的榮景不算成功，你必須要能在商戰中生存下來，堅持到最後才算贏家。

改變策略，爭取機會展店

早年欣葉開店選點，都以獨立門市為主，但時代、商圈和消費習慣都在改變，我們逐漸發現獨立大店要面對的挑戰愈來愈多，尤其陳水扁擔任台北市長任內，全台發生過好幾次餐廳大火，造成不少無辜人員傷亡，促使政府針對餐飲業制定更多嚴格法規。當時在台北市，想找到一個百分之百可供商業使用的餐廳區段非常困難，很多大樓明明位在大馬路旁，卻被劃入住宅區，根本很難申請到營業執照。有時候幸運找到符合法規，條件又好的據點，租金卻高不可攀。

當大部分餐廳還在街頭搶點的時候，欣葉因為看到這個選點上的受限，悄悄改變了展店策略，考慮轉進百貨賣場，一方面是配合政府政策，不願意違規經營，另一方面則是我們發現開獨立店的挑戰愈來愈大，除了一天到晚應付各種檢查，還要解決諸如停車、消防安全等問題。我覺得餐廳進駐百貨公司是一種異業結盟的好方式，如果經營得好，機會也會跟著來。我知道發現趨勢已經走到的時候，必須趕快跟上，因為一旦落後，將來機會就會比別人少了。

那段時間，我們陸續跟天母忠誠路上的新光傑仕堡、SOGO百貨都洽談過，因為條件不夠理想沒能談成。有一天早上，我接到同事阿才師的電話，他在話筒那頭問我：「聽說新光三越百貨南西店有一間台菜餐廳不想做了，欣葉有沒有興趣去接？如果有興趣，可以找黃店長談談。」他給了我一個電話。

我打電話過去了解狀況，才知道想要頂讓的餐廳叫「幸苑」，是日本三越百貨投資的台菜餐廳。一個多月前我止好考察過這間餐廳，知道幸苑裝潢講究，不但桌上鋪著檯布，餐廳還採用當時堪稱十分現代化的BarCode電腦條碼點餐。可惜當時點餐系統的開發還不夠完備，客人點一道菜，服務生就要忙著在菜單上找菜名和條碼，經常搞得手忙腳亂。加上中菜變化多，菜單上寫著蚵仔煎，如果客人臨時想改成吻仔魚煎，當時的電腦點菜系統就反應不過來，成為點菜上的障礙。

別人做不好，自己才有機會

幸苑當年設定一年要做到四千六百萬元的營業額，經營三年之後一直沒辦法達標。我考察過幸苑之後，覺得這間餐廳其實還有機會，便直接將我觀察到的問題告訴黃店長，建議他不妨給這間餐廳半年時間，如果屆時生意還是起不來，欣葉再考慮接下這個點。

當時公司內部開會討論要不要接下這個據點時，正反兩方意見都有，持反對意見的人多半著眼在「日本人都做不起來，我們能接嗎？」連阿嬤也有疑慮：「這間餐廳不在一、二樓，客人會上門嗎？而且離雙城街本店不遠，會不會搶了自己的生意？」只有媽媽沒有投反對票，我也覺得值得一試，因為「就是別人做不好，我們才有機會啊！」

半年後我們接下這個點，開了欣葉台菜南西店，第一年就做出五千四百萬元的營業額，此後，業績年年成長，到了第三年已經有七千兩百萬的規模。南西店讓欣葉順利進駐百貨賣場，雖說是危機入市，但只要能掌握好機會，便能為自己打開一直緊閉的窗。

我們把南西店做起來之後，果然很多百貨公司陸續來跟我們洽談，有一段時間幾乎每個禮拜都有人找上門。連新光三越館前店十二樓也來找我們談合作，那裡的五百坪賣場原本由一家五星級飯店負責經營，一年營業額約七千多萬，來探詢合作的人說：「只要欣葉能保證做到一年一億元營業額，經營權就交給你們。」

雖然最後那五百坪沒有全部交由我們負責，其中一半規畫成賣場，欣葉只取得兩百五十坪開設台菜餐廳，但是我們只用這一半的坪數，在第一年就拚到七千七百多萬元的業績，是過去五百坪才能做到的績效。

跨足日本料理，開拓新客源

在欣葉一路發展的過程中，老客人一直是我們的寶藏，欣葉台菜餐廳有高達五成左右的比例是熟客，從正面看這是讓人欣慰的口碑肯定，但同一件事從反面來看，就可以看出危機。如果一間餐廳只靠老客人，沒有辦法吸引新的顧客走進來，久而久之會變成一個潛在風險，時日一久，生意勢必逐漸下滑。

一九九七年我們決定跨足日式自助餐，正是基於想開拓新客源而做的嘗試。當時我們觀察到，台菜的主要客層介於三十到五十歲之間，可是隨著國人飲食口味西化，台菜不再是外食主流，市場上可供挑選的餐飲選項愈來愈多樣，你可以吃法國菜、義大利菜、泰國菜、日本料理，偶爾還可以選墨西哥菜、德國豬腳換換口味。這種情形下，台菜被外食人口選中的機會必然比過去減少，我們擔心長此以往，台菜客層會逐漸流失。

如果年輕人和兒童現在少吃台菜，將來他們選擇台菜的機率自然不高，對欣葉這個品牌的熟悉度和認同度也會隨之降低。照這種情形發展下去，大約不到二十年，欣葉台菜的客人可能就要消失一半。如果欣葉現在就跨出台菜專賣的腳步，開設年輕人喜歡的日本料理、日式咖哩，那麼喜歡嘗鮮的年輕消費者，還會留在欣葉這個品牌體系下繼續消費，只要他們對欣葉不陌生，台菜就保有機會。

一九九七年，欣葉投入日本料理市場。當時新光三越百貨在台北信義區的A11館即將開幕，新光三越董事長吳東興想在館內增設餐廳，他非常看好日本料理，找上欣葉合作，希望共同發展這塊市場。媽媽對於這個計畫也躍躍欲試，欣葉的本行雖是台菜，但仁愛店曾經營過居酒屋賣過串燒，對於日式料理不算太陌生，只是到底要開單點餐廳還是吃到飽呢？一時之間大家有點舉棋不定。

後來我們請人做市場調查，發現選擇多樣，用餐自由度高的自助餐，還是國內消費者最肯買單的用餐型態。當時市場上流行的日式自助餐分為兩大類：君悅酒店「彩」日本料理強調日式風格，價位較高；主打台味海鮮的上閤屋，則屬於平價日式自助餐，欣葉決定兼融二者所長。

自從決定踏入日本料理市場，媽媽拿出她一貫做什麼像什麼的完美精神，她經常掛在口頭跟同仁說的一句話是：「你要扮演好自己的角色，做什麼事都要行（注意細節，完善思考），不可以做得四不像。」

為了端出美味正宗的日本料理，開店後第二年，我們特別邀請資深日本料理人今泉勇一老師擔任總顧問，料理檯上的所有食物一律自製，連剉冰用的芋圓、地瓜圓，也在董事長堅持下，盡量不委外，由店內師傅手工親製。這幾年欣葉能從好幾波食安危機中避開風險，現在想來媽媽的堅持功不可沒。

欣葉的用心，消費者也感受到了，欣葉日式自助餐一推出就深獲好評，首家店開在新光三越A11館五樓，僅有一百五十六個座位，一年卻可以做到一億新台幣的營業額，不久我們又在中山北路國賓飯店對面開了中山店，此後四年，平均一年開一家日式自助餐門市，是欣葉繼台菜之後，另一張漂亮的成績單。

第十章 家族企業與專業經理人

一九九七年，欣葉二十歲，是中國人所謂的弱冠之年，古代中國滿二十歲的少年在生日這一天要結上頭髮，戴上冠帽，進行弱冠之禮。這一天之後，少年正式晉身成為男人。

二十歲的欣葉，不再只是草創期的台菜，二十年來我們拓展出四種不同的餐飲業態：台菜、呷哺呷哺、日本料理、蒙古烤肉。當時我們做過一項市調，發現不同年齡層的人對欣葉有著不同的印象：四十歲上下的人提到欣葉會聯想到台菜；三十歲左右的消費者先想到日本料理；二十多歲的年輕客層則把欣葉跟蒙古烤肉畫上等號。這種年齡層對品牌印象的切割，既分明又互不重疊。換句話說，二十歲的欣葉已經蛻變為一個餐飲品牌，不再只是台菜專屬。

為了讓客人迅速識別出欣葉這個品牌，我們在這一年建立了統一的企業形象標誌。在這之前欣葉有兩個標語沿用多年，一個是：「欣葉挑佳珍，分享滋味人」；到了一九八五年改成：「鮮、味、美、雅」，彰顯欣葉台菜的特色，這個標語使用十多年後，我們想找到一個更貼近欣葉核心價值的新口號做為精神象徵。

當時負責這個專案計畫的麗緻管理顧問公司，特別委托中華徵信所針對一般消費者做隨機抽樣調查，另一方面跟公司內四百多名員工進行訪談，請大家說出心目中的欣葉印象，最後歸整收集來的所有資料，訂出：「有情、用心、真知味」做為新標語——「有情」代表欣葉的待客之道；「用心」是欣葉追求完美的態度；「真知味」強調欣葉獨有的料理滋味。這個口號不但適切傳達我們的企業精神，也提高消費者對欣葉的品牌形象認同。

兩片微笑揚的葉子

那一年，欣葉也有了全新的企業標識，是兩片飛揚的葉子，像被風吹著翩翩舞動，正好呼應欣葉這兩個字。那兩枚飛揚的葉片，乍看也像一抹掛在臉上的微笑，有一種幸福滿足的意象。當年麗緻管理顧問公司其實設計了好幾套供我們挑選，那兩片飛揚的葉子一開始並非首選，我們最後選中它，是因為那個彷如微笑的感覺，正好跟餐飲業的服務精神不謀而合，微笑的嘴角誠摯歡迎每一位上門的客人。微笑也是世界的共同語言，微笑代表著滿意，其中有顧客對欣葉的滿意、員工對工作的滿意、股東對績效的滿意，隱含著我們對欣葉未來的期待。

為了替台菜餐廳提供過的美食留下記錄，我們出版了二十週年紀念食譜，集結所有的拿手菜，由各店主廚們共同創作，是欣葉第一本食譜書。隔年，經由烹飪大師傅培梅女士的引介，以製作料理書著稱的日本旭屋出版社找上我們，他們想製作一本介紹台灣料理的食譜書，希望能和欣葉合作。這本食譜前前後後花了一年多才製作完成，傅老師幫忙翻譯及審稿，主書名是《本格（正宗之意）台灣料理》，副書名《台灣の人氣店欣葉的人氣料理》先出了日文版，而後也翻譯成中文在台灣發行，是欣葉代表作之一。

二十週年是欣葉重要的里程碑，當時台灣餐飲市場正快速轉變，市場上競爭者愈來愈多，國際連鎖餐飲集團紛紛進軍，消費者的喜好瞬息萬變，以前開餐廳只要把門打開，食材和菜單準備好，被動等客人上門。今後的餐廳經營者不能安於這種守株待兔的狀態，你要有規劃和包裝能力，更要主動創造商機。

面對未來市場挑戰，以往單打獨鬥的傳統模式顯然不夠用了，除了把菜做好，服務做到位，還需要行銷、公關、財務、總務、市場趨勢分析等多方配合，我知道欣葉需要更多幫手，因此選擇與麗緻管理顧問公司合作，以專案方式請他們為欣葉把脈，並且提出建言。

在內部組織上，二十歲的欣葉也面臨改變，早年欣葉台菜餐廳的員工平均年齡是二十多歲，現在變成四十歲；員工年齡老化可以分為利與弊兩個不同層面來看。利的一面，表示欣葉的人事穩定，員工流動少，有經驗的工作人員多。但從另一面來看，老化代表公司疏於注入新血，久而久之問題就會逐漸浮現，諸如中階幹部的斷層。一家公司如果只有高階和初階員工，結構中缺了中間階層的銜接，那麼經驗的傳承會出現間隙，小則影響員工的基礎培訓，大則有礙公司後續發展。

過去的欣葉是傳統餐廳，一直一人兼多人用，以媽媽為例，她的職稱是老闆娘、董事長，但同時還肩負著會計、財務、對外公關和採購開發等多重角色。其他同事的狀況也差不多，一個人身上總是兼負著好幾種不同工作，沒有完備的部門編制，也沒有一個完整的公司組織，缺乏專業分工精神。這種土法煉鋼的操作模式，在餐廳規模還小的時候，動起來很靈活，但當整體規模大到某種程度（欣葉的經驗是四家店以上），想走得更遠，步伐跨得更大的時候，就怕手和腳會打架。我知道這些問題現在不著手改變，未來面對的考驗勢必愈來愈嚴峻。

做得久不稀奇，要有專業才能被看見

大約在欣葉滿二十週年前後，我已隱然嗅到趨勢，未來將是一個講求專業的時代。許多人在同一個工作待了二、三十年，自認很資深，但資深不代表專業，他們的工作資歷很可能只是一種慣性作業的年資累積而已，跟專業沒有關係。在未來，沒有人關心你的職業是什麼，人們要問的是：你的專業在那裡？

因此我在開會時提醒大家，務必分清楚職業與專業是兩碼事：「你在某一個職業做了一、二十年，沒有什麼了不起，職業只代表工作性質，在愈來愈競爭的時代，你要有專業才能被看見。」我期許大家為自己的工作重新尋找定義，找出它的價值所在。舉例來說，外場服務人員為客人點菜配菜，角色近似業務代表；站在門口接待客人的領檯，某種程度就像接待專員。

我告訴同仁：「懂得為自己尋找職務定位，專業氛圍就會在日常工作中慢慢彰顯出來。」專業時代來臨，一個廚師不能只滿足於技術好，還要學會發揮創意，更要能抓得住飲食口味潮流。外場服務不能只滿足於態度親切，好的服務人員必須懂得針對不同客層提出專業建議，根據顧客預算選擇菜肴和與之搭配的飲料，這些才是每個職人能夠在這一行出人頭地的專業。

經營餐廳也要有同樣思維，開餐廳只是一種職業，但要從事餐飲事業就要拿出專業本事。為了讓欣葉從傳統餐廳蛻變成為餐飲事業，我們必須著重在長程規畫和永續發展上，整個經營策略和思考角度都必須和過去有所不同。

在人員培訓上，我們開始迎接新挑戰，早年餐飲業的人為色彩非常濃厚，內場的經驗傳承都是師徒制的，外場人員訓練也採用母雞帶小雞的做法，這種傳統的工作人員養成過程缺乏國際觀，在欣葉的長遠計畫中，我們希望能培育出具有競爭力的優質員工，建立更專業的團隊，才有辦法在競爭愈來愈激烈的餐飲市場上勝出。

三十年前欣葉開始進行員工培訓，當時餐飲從業人員的流動率大，經常花時間培訓十個員工，數月後走掉八個，只留下兩人，很多餐廳因此不願意投入員工訓練，深怕好不容易培訓出來的人才，跳槽後為他人作嫁。我的想法不同，我覺得只要十個人中有兩個人留下，日積月累也能蓄積出驚人能量。

曾有人形容員工培訓像走上一條不歸路，我認為這是一條必須走，也不能不走的不歸路。多年來，欣葉一直在員工教育訓練上持續深耕，只是隨著時代推移，培訓的內容和形式不斷改變。早年多半是比較封閉性的內部經驗分享，例如由老師傳授料理手藝，學習電腦、外語能力訓練等進修課程。慢慢地我們將外面的資訊導入，開始邀請坊間餐飲專業人士來到欣葉擔任顧問，分享他們的成功經驗，也帶入時代趨勢。

針對內、外場主管，除了技術上的切磋磨練，公司還曾安排他們去上過卡內基訓練課程，這套訓練技巧有助於促進人與人之間的溝通，改善人際關係，進而增強組織團隊運作能力。為了開啟員工視野，我們更不定期安排主管出國觀摩，我覺得這是一個重要投資，在地球村時代來臨之後，眼光不能再局限於台灣，要走出去多看、多學習，才能放眼世界。

用紅桃理論面對市場競爭

在台灣，開餐廳看起來門檻很低，正因為如此，市場上的競爭格外激烈，每次有人問我：餐飲市場的競爭有多激烈？我都會舉「紅桃 Queen 理論」做例子。

這個理論出自英國著名童話故事《愛麗絲夢遊仙境》，掉入兔子洞的愛麗絲被追兵追逐，愛麗絲和紅桃手牽著手拚命向前跑，但愛麗絲發現自己怎麼跑，都留在原地，根本沒有往前邁進半步，很快她的腿痠了，人也越來越累，就跟紅桃說：「我不要跑了，跑也沒有用。」沒想到紅桃告訴她：「如果妳不拚命跑，妳根本不會留在原地，妳會遠遠落到後頭，很快被追兵吞噬。」

我經常舉這個故事勉勵公司裡的所有同仁，從事餐飲業一定要用心，要努力向前跑，不是要超越其他人，而是為了讓自己留在現在。這麼多年來，為了讓欣葉一直保有存活能力，我們總是盡力打開觸鬚，隨時關注市場上的動態，也一直保持努力嘗試的心態與勇氣。

例如我們曾經開風氣之先，開設無煙炭烤和鴛鴦火鍋，經營過串燒生意，這些嘗試雖然不一定都能成功，但即使挫敗，都可以讓我們從中學習到很多寶貴經驗，這些經驗最終會沉澱下來變為養分，成為下次再出擊時的巨大能量。我們就像童話故事中的愛麗絲和紅桃一樣，拚了命往前跑，在跑的過程中得到很多學習機會，這些機會和學習，幫助我們一直留在現在。

千禧年過後，我們嗅到外食文化正在改變，介於上餐廳用餐的外食文化和居家料理的內食文化之間，有一股新趨勢興起，叫中食文化，HMR（家庭取代餐，Home Meal Replacement）成為新一波火紅商機。當時這波中食產業已經在東京、紐約等大都市熱烈發酵，超市增列熟食外賣區，便利超商也紛紛開發諸如御飯團、國民便當、涼麵、沙拉等個人化的速簡餐食。順應這股中食產業熱潮，即食的「惣菜（そうざい）Souzai」也在日本迅速走紅。

抓住飲食趨勢的變化，惣菜的故事

惣（日語也稱「總」）菜，是指購買後不用再烹調，直接可以下飯的菜肴，嚴格說來它不算新產業，江戶時期沿街叫賣的烤麻糬丸子、壽司，大正時期普及的洋食咖哩飯、可樂餅，都可以算是惣菜的濫觴。惣菜真正興起和普及，是在一九七〇年代之後，職業婦女增加和都會繁忙生活催化了它的成長。二〇〇一年後欣葉一連增加了兩個餐飲品牌，一個就是以供應惣菜為主的「笹乃家」，另一個就是「咖哩匠」。

「咖哩匠」是欣葉花了三年時間籌備的餐飲新品牌，為求慎重我們還聘請日本咖哩達人土井基為總監，研發出適合在地人口味的咖哩醬汁。「咖哩匠」強調以老母雞為醬汁湯底，加入大量蔬果熬製，不使用麵粉增稠，也不加任何化學調味料。醬汁中的自然鮮甜，全數來自洋蔥和十多種新鮮蔬果，製作出來的咖哩醬，層次分明，口感豐富，開幕至今生意十分穩定。

「笹乃家」則屬於比較大膽的實驗，因應大都會輕薄速簡的飲食新流風，主打健康精緻的輕食和熟食，除了口味多樣的惣菜冷食，還有和風沙拉和散壽司，讓忙碌上班族可以輕鬆帶走，迅速解決一餐。「笹乃家」老鋪的味道頗能切合都會人的飲食口味，一開始口碑不錯，卻囿於國人不像日本人普遍接受冷食，盛夏季節生意還好，一旦入秋之後，隨著氣溫節節下降，生意也一路下滑，季節感過於明顯，加上店內許多食材都進口自日本，拉高成本負擔，開幕四年之後不得不黯然下市。

但我們始終沒有放棄鎩羽的惣菜，幾年前外賣惣菜在欣葉日本料理店裡捲土重來，我們甚至在館前店為惣菜設置專門櫃台，一字羅列的多樣惣菜，繽紛悅目清爽怡人，特別受到女性消費者歡迎。時隔十多年，消費者的口味和飲食習慣改變了，昔日未能成功的惣菜，在熟食市場越見蓬勃成熟的現在，反而找到再生新契機。

這個例子說明了餐飲市場上的競逐，速度和時機兩個條件缺一不可，有時候你要跑得快才能搶得先機，有時候卻是跑得快不如來得巧。

外賣的無限商機

一九九九年欣葉推出年菜外賣，二〇〇〇年，統一超商開始提供宅急便服務，進一步催熟台灣的外帶和外賣市場。二〇〇一年，我們嗅到這股商機正蓄勢待發，決定先在端午節試推粽子禮盒。

包粽子、烤月餅，對欣葉人來說並不陌生，這是公司行之有年的傳統，只是過去我們單純做來送給客人和員工，是只送不賣的伴手禮。剛開始決定改送為賣，同事們還半信半疑，心想：這種禮盒可能大賣嗎？

沒想到初試啼聲的粽子禮盒很快銷售一空，大家的信心才油然而生，我相信他們也看到這股外賣商機了。由於銷售成績亮眼，隔年端午節我們不但比照辦理，還加碼增推中秋月餅禮盒。現在端午包粽子和中秋做月餅，已經成為每一年的例行公事，節前一個月，全公司自發動員起來，全心投入生產。我們的粽子和月餅秉持媽媽一貫製作嚴謹、用料天然的堅持，消費者可以在各門市訂購，我們採用接單後限量供應方式，為的是保持外賣禮盒的品質。

二〇〇二年針對年菜外賣市場，欣葉日本料理也做了新嘗試，推出日式年菜御節料理外賣。日本人習慣過新曆新年，元旦當天各個家庭通常不開伙，直接從外面買現成的御節料理回家享用，那段時間日本的百貨超市都會供應菜色繽紛的御節料理，是日本人過新年的習俗。我們推出御節料理的動機很簡單，主要是考量到一些旅台日籍客人的需求，想為這些客居他鄉的日本友人送上一份年節溫暖，讓他們重

一個端午佳節，欣葉可以賣出超過五十萬顆粽子。

溫家鄉年味，因此一開始御節料理的銷路僅設定在日本客人，供應量也很有限。沒想到推出幾年下來，台灣客人也逐漸認識並接受它。

欣葉外賣品項逐年增加，其中由董事長研發製作的干貝 XO 醬是最有口碑的一項。說來有趣，它的誕生卻是無心插柳的結果。

逛市場逛出來的 XO 醬

逛市場和研發料理一直是媽媽的興趣，十多年前一天早上她去逛市場，看到一家南北貨攤上的干貝非常好，媽媽問小販：「干貝怎麼賣？」小販說：「一斤一千三。」媽媽隨口殺價：「一千二好嗎？」沒想到小販回答：「如果這一批貨妳都買下來，一千二沒問題啊。」結果那天媽媽帶了三百斤干貝回家。

這麼多干貝怎麼消化呢？思前想後，媽媽想到當時市場上當紅的 XO 醬，決定把這三百斤干貝拿來做研發。她一下決心就非常投入，由於餐廳的營業廚房要用來做生意，家裡的廚房又不夠大，媽媽只好改造車庫，放上瓦斯爐和大炒鍋，開始炒製干貝 XO 醬。有一天我回家看到她窩在車庫揮汗做著 XO 醬，當下覺得應該為她準備一個研發廚房，這是後來欣葉成立傳藝廚房的緣起。

媽媽的干貝 XO 醬做得非常成功，因為她捨得下料又不怕費功夫，干貝用量特別豐足，滋味也就格外鮮美。原本XO醬是她做來給孫女兒帶便當，或平常吃水餃做沾醬使用，她素來拒用防腐劑，因此特別重視瓶身消毒，每一次製作，光玻璃瓶的清洗、烘烤、再殺菌，媽媽一定全程監管，因為殺菌執行得徹底，不含防腐劑的XO醬，只要使用和保存得宜，在冰箱可以放上一年沒問題。這瓶特製的干貝XO醬，只拿來做沾醬太可惜，家人會直接把干貝絲當小菜，另外用XO醬的油來拌麵、拌米粉和拌飯，僅僅多這一味加持，平凡無奇的麵飯突然有了光彩，變得開胃極了。

有一天，公司召開外賣新商品研發會議，大家絞盡腦汁發想外賣新商品，我靈機一動想到家裡的干貝XO醬，忍不住大力推薦：「董事長的干貝XO醬好好吃，請她做出來賣，一定受歡迎！」就這樣，欣葉的干貝XO醬上市了。這一賣十多年過去，即使干貝價格比當年翻漲三倍，我們的分量從不打折，價格也始終如一。

這幾年台灣美食外賣行情看漲，欣葉光靠過年年菜、端午粽子和中秋月餅這三節的外賣收入，就能帶來大約新台幣一千五百萬的商機。在歡度四十歲生日之後，欣葉迎接下一個十年的重要計畫之一，正是外賣商品的研發製作，我們將陸續開發多款方便醬料，除了在公司官網上設置eDali，接受消費者預購，還計畫開設小型Deli（熟食）實體店鋪，以「欣葉美好市集」的概念，與消費者分享各種欣葉好物及經典美食，以後消費者即使不上餐廳，一樣可以把欣葉的美好滋味帶回家享受。

第十一章

不怕遇見危機，只怕沒有領會

休假的日子，我喜歡去郊外踏青，自行車是我的假日鐵馬。

有一次，我跟一位法國來的建築師帕夏，相約一起到陽明山騎車。早上八點，我們約在仰德大道上某一家便利超商前集合，兩人各騎一部腳踏車，七十歲的帕夏體力和腳力都很好。我們一路往上騎，天氣很好，風和日麗，鳥語花香，是踏青的好日子。

騎了約莫十五到二十分鐘之後，帕夏停下來說，他不往上騎了，他要回去了。我問他為什麼？

他回答：「你沒有看到遠遠山頂逐漸堆積的雲嗎？你聞聞，空氣裡聞得到水氣，風吹起來涼涼的，這是一個 sign，再過一陣子就要下大雨了。」

我們往回騎，等我們騎回早上集合的便利超商前，收好自行車，剛剛坐上轎車準備打道回府的時候，雨滴開始落下，不一會兒小雨滴就變成豆大的雨點。感謝帕夏讀到的 sign，使我們免於變成落湯雞。

大自然的天氣瞬息萬變，時有不測風雲，風雲變色之前，通常會有徵兆。人生路上危機四伏，危機發生前，其實也有諸多 sign 可以閱讀，只要你讀得出來，就可以防患於未然。

關於閱讀 sign，我的朋友 Pinky 和 Vicky 也有深刻體會。Pinky 和 Vicky 曾結伴環遊世界，兩個女孩花了三年時間，踩著自行車遊遍世界各國，她們回國後，透過一位朋友介紹，我結識了這兩位「勇敢女騎士」，有一回大家相約去北投春天酒店泡溫泉，朋友中有人好奇問起她們的單車環球夢：「兩個年輕女孩子騎著單車遊世界，不怕危險嗎？」

Pinky 說：「危險不會突然出現在你身邊，它們出現之前都會有各種信息和徵兆，所以你要學會讀出這些 sign。」有人不懂，Pinky 繼續解釋：「出門在外一定要學會打開全身的接受器，隨時注意周遭環境變化，時時留心各種訊息的出現，就可以在災難降臨前預做防範，進而避災解難。」

有人好奇追問：「萬一躲不掉呢？」

Pinky 抬起頭，微微一笑答：「萬一還是躲不過，那就叫無常了。」

社會景氣和餐廳生意息息相關

開餐廳做生意，如果想要制敵於機先，同樣必須學會閱讀 sign，各式各樣的訊息隱藏在五花八門的新聞報導中。我在當兵的那幾年，就培養了從報章雜誌找 sign 的習慣。

大學畢業後，我分發到屏東當兵，一年後隨部隊移防馬祖。阿兵哥的日子很規律，在那個沒有網路，連廣播和電視收訊都不十分方便的年代，我在軍中最大的休閒活動就是讀報。每個星期報紙從台灣本島運到馬祖，我下山把厚厚一疊報紙扛回部隊。每天晚上，在安靜的碉堡裡讀報，成為當兵歲月最大的樂趣，後來連跟我同一班的袍澤也慢慢養成每日讀報的習慣。

當時我每天起碼讀三份以上的報紙：聯合報讀時事，民生報看流行，經濟日報了解工商大環境，還有一份是阿兵哥必讀的青年戰士報。也許因為日日讀報的關係，在那個外島的當兵歲月中，原該是與世隔絕的狀態，我卻透過報紙一直與外界取得聯繫，從來沒有隔絕疏離的感覺。後來我經常以此鼓勵要去外島當兵的朋友或後輩，不要怕當完兵就與社會脫節，路是靠自己走出來的，在手上沒有資源的時候，你一定要想辦法尋找破解之道，方法全靠自己尋找和創造出來。

每一天我看完報紙，會把自己覺得有用的資訊剪下來做成剪報，收集好一份一份寄回台北給媽媽，我覺得開餐廳必須了解時事，掌握趨勢。

當兵那一年，我讀到最大的餐飲趨勢，是速食時代來臨了。一九八四年，美式速食麥當勞登台，不但敲開台灣西式速食的大門，也改變了台灣人的飲食潮流，進而帶動餐飲經營手法的改變。當時很多傳統餐飲業者，對麥當勞的進駐未多加重視，認為充其量只是年輕人的流行玩意兒，儘管麥當勞位於民生東路的創始門市，單月營業額突破一百多萬元，仍有人以為這些都只是一時新奇的假象，撐不了太久。

沒想到短短數年，麥當勞攻城略地開到三百多家，徹底改變了台灣年輕人的胃。吃慣漢堡薯條的消費者，對於西式食物的接受度大增，起司、奶油、義大利麵、披薩、德國豬腳、法式酥皮濃湯，慢慢成為我們飲食生活中的一部分，自然也就取代了部分中式餐食的市場需求。西式速食門市的明亮潔淨，也影響了一般民眾對於飲食店和餐廳的環境要求，如果沒有在這一波餐飲風潮中跟上腳步，繼續維持舊有不乾不淨，吃了沒病的做法，很容易被食潮拋在後頭。

無法置身事外

西元二〇〇〇年下半年，世界經濟成長趨緩，網路產業泡沫化，導致台灣股市下滑，直接衝擊的是中高價位餐廳。二〇〇一年政府宣布實施週休二日，台灣民眾的休閒生活型態起了變化，上班族利用週末連假往風景區移動，甚至出國旅遊，留在市區的人少了，上餐廳用餐的來客數自然跟著減少，尤其天氣特別好的日子，某些商業區的門市，週末中午來客數甚至少了近五成之多。

少子化社會來臨，也能透過餐廳這個觀景窗看得一清二楚，從前家庭聚餐，小孩不會少，現在全家人來用餐，幼童來店比例已明顯減少許多。社會的變遷，景氣的起伏，家庭結構的改變，餐廳都是一個最好的觀哨站，你可以從中看出社會的走勢變化。相對地，如果經營者夠敏感，早在變化發生之初，先嗅到那股山雨欲來風滿樓的味道，預先做好準備，那麼變化鋪天蓋地來臨時，就不至於手足無措了。

餐廳是社會的一部分，台灣是國際社會的一份子，世界上發生任何事，台灣無法置身事外，餐廳也難免會受到波及。以下舉幾個例子。

一九八六年四月二十六日，蘇聯烏克蘭的車諾比核電廠發生核子反應爐破裂事故，是人類歷史上最嚴重的核電事故之一，大量放射性物質被釋放到環境中。不久，整個歐洲開始出現輻射塵，十天之後，污染甚至飄到美國和日本。你可能會問，這些我們都知道啊，那麼遠的核電廠爆炸跟台灣或欣葉有什麼關係呢？

事情是這樣的，那個春天因為歐洲受核塵污染的關係，向來外銷日本市場的荷蘭豬肉因而卡關，無法再銷往日本，於是日本進口商轉向台灣大量購買豬肉，此舉造成台灣肉豬銷售突然爆出巨量，價格飛漲，所有用到豬肉的餐廳，食材成本因此激增。

一九九七年七月，東南亞爆發金融風暴，亞洲各國經濟景氣嚴重下挫，台灣雖沒有受太大波及，但當年及隔年，來台的觀光旅客人數衰退，少了百分之三點一的遊客來台，餐廳生意難免受影響。

一九九九年九月二十一日，凌晨一點四十七分，沉寂百年的車籠埔斷層板塊推移，造成奪走兩千多條人命的九二一大地震，整個台灣都受重創，地震過後，所有台灣人動員起來災後重建，有錢捐錢，有力出力，匯聚出驚人能量，但震後那半年多，整個餐飲市場深受影響，平均業績掉了兩成以上。

台灣本島的災害會造成餐飲生意下挫，一般人比較難以想像的是，連發生在國外的災難事件，震波也會傳到台灣來。二〇〇一年，美國紐約發生九一一攻擊事件，在恐攻陰影下，一般人搭乘飛機的意願大為降低，出國觀光及商務考察人口，在恐攻後都大幅減少，全球觀光市場因而重挫。而且九一一的影響是全球性的，震波影響時間也比較長，差不多整整一年，餐飲生意比起以往平均落了一成左右。

這些經驗在在說明了世界是整體的，蝴蝶效應（註）不只適用於空氣系統理論，這個世界的任何角落，只要有一雙纖薄翅膀輕輕搧動，看來毫不搭嘎的餐飲業，有時也可能因此動盪不已。

SARS的震撼教育

從事餐飲事業數十年，遇到過的難題、波折、瓶頸不在少數，但沒有一項像SARS那麼讓人措手不及，它像突如其來的海嘯，襲捲而來，掃過我們習以為常的生活，一時之間大家都手足無措，草木皆兵。這場疫情在台灣肆虐不過一百天的時間，造成六百七十一

【註】蝴蝶效應：一九六三年，美國氣象學家愛德華羅倫茲發表「決定性的非周期流」論文，說明大氣現象上的連鎖效應，其理論：「一隻蝴蝶在巴西雨林輕拍翅膀，可以導致一個月後德州的一場龍捲風」，用來詮釋初始條件十分微小的事件，經過因緣條件不斷放大後，就可能造成巨大的影響。

人感染，奪走八十四條人命，疫情嚴重衝擊商業活動，旅遊餐飲業在那段時間幾乎全面停擺，台北關了近百家餐廳，欣葉業績最慘的時候，掉了七成以上……。

那麼這個可怕的傳染病來臨前，有沒有一些 sign 呢？其實是有的。

二〇〇三年三月，我在電視新聞中看到香港民眾紛紛戴上口罩，連香港四大天王出席活動，臉上都掛著白色口罩，只露出兩隻眼睛。我直覺有點不對勁，彷彿這就是個 sign。那個月底，我建議欣葉的財務長：「最好向銀行調些準備金，萬一有狀況發生比較好應對。」倒不是我特別敏銳，而是港台距離如此之近，香港的危機很可能隨時登陸台灣，我的工作就是要注意各種狀況，只要危機可能出現，我必須為餐廳預先做好準備。

四月初，香港已被 SARS 攻陷，大家討論它何時會來台灣，餐廳生意悄悄往下掉。四月二十四日，台北市和平醫院封院，是台灣第一件因 SARS 感染而封院的事件。從那一週開始，人們非必要幾乎不出門了，欣葉的營業額陡降，僅剩原來的百分之十五，這是我們自開幕以來從來沒有面對過的難關，不是我們做不好，而是遇到根本無從預料的環境變化，我們的營業額瞬間蒸發，我們從未碰過這種挑戰，彷彿每天過完就沒有明天一樣。

迎向挑戰，把握好每一天

SARS 為人們帶來的恐慌，是它的前從未有，因為沒有人有經驗，所以不知道事情後續會如何發展？也不知道警報何時解除？當台北忠孝東路上的SOGO百貨因為有員工疑似染煞，被迫宣布停業七天時，恐慌來到最高點。

當年欣葉世貿店租約因為在二月到期，原本排定五月要把店面還給房東，這是SARS之前就有的計畫，卻因為趕上抗煞這個新聞熱潮，被媒體拿來大作文章，電視報紙紛紛報導欣葉也熬不過SARS，要關店了！消息一出，對當時已經跌停板的生意無疑雪上加霜，欣葉內部也為了這個報導惴惴不安。五月中，我們的財務非常吃緊，一個多月幾乎沒有什麼進帳，儘管有之前預備的現金，錢也快用完了，只剩八天的現金周轉款。我雖擔心，還是每天到店裡為員工打氣，告訴他們：「欣葉的招牌一定會繼續亮著。」其實我一點信心也沒有，根本不知道明天會如何？

這種恐慌在SOGO百貨宣布停業那一天到達頂峰，那一天在電視上看到封館的新聞報導，我的心情盪到谷底，覺得自己死定了，這樣的念頭纏著我不放，下班回家的路上，我一直喃喃唸著：「明天怎麼辦？我死定了，我不會有明天了……。」

那天晚上我始終處於這種極度焦慮的狀態下，上床前我去沖澡，當熱水從蓮蓬頭灑下流過身體，我突然想到大一時曾經光顧過的一間賣客飯的餐廳，餐廳牆上掛著一首打油詩：「今天吃飯要錢，明天吃菜不要錢。」我第一次上門吃飯的時候，看到那首打油詩覺得很有趣，為了讓老闆記得我，離開前還刻意和老闆寒暄兩句。

第二天我再度上門，吃完飯之後，半開玩笑跟老闆說：「我今天不用付你菜錢。」老闆瞪大眼睛問我為什麼？我指指牆上的打油詩：「我昨天來吃飯付了錢，所以今天不用付菜錢。」

沒想到老闆笑笑對我說：「年輕人，我知道你昨天有來吃飯付過錢，可是今天你還是乖乖把錢付了吧！」

我不服氣反問：「為什麼？」

老闆答：「因為，你永遠等不到明天。」不知為什麼當年老闆的這句話，在那個絕望的晚上湧上心頭，我永遠等不到明天，但是我的手上一直擁有今天，雖然有沒有明天我不能確定，至少我還有今天，今天過了之後，到了明天，又是一個今天開始，只要把握好每一天，希望永遠都在。

這樣一想，心裡突然豁然開朗了！

隔天早上上班，我召來所有同仁開會，開誠布公跟他們明說餐廳現階段的難處，我不想再撐了，決定勇敢面對現實。我告訴大家：「餐廳現在很艱難，但我們不打算裁員，在這個非常時期，希望大家配合採取不支薪輪流休假的方式，幫助公司度過難關，也讓大家都有工作做。」

沒想到我的主動告白反而讓所有人都鬆了一口氣，大家全力配合響應，自動自發排班，輪流上班，沒有異議地放起無薪假，團隊向心力在這個非常時期發揮意想不到的作用。這是第一次，我充分感受到阿嬤經常形容的大家同坐一艘船那種同舟共濟的精神。

利用非常時期做好功課

不支薪輪休雖暫時為餐廳止血，對於進帳卻沒有什麼幫助，客人不上門，做不到生意自然沒有收入，如何開源變成自救的下一步。當時跟我們一樣處於SARS風暴圈的飯店、餐廳，各有不同因應之道，有些觀光飯店在零住房的情況下，把原先打掃飯店的Housekeeping，外派去一般人家做住家清潔，這是史無前例的嘗試和服務，為的是在非常時期多求一份收入。

等不到客人上門的餐廳，則紛紛改推外賣，或進攻外送市場，既然客人躲在家裡閉關不出門，那麼餐廳只好主動出擊，欣葉也開始推出便當外賣，雖然遠遠不能跟平日業績相比，但至少走出第一步。菜色方面，我們增推防疫料理，主廚開發可以強化呼吸系統，增強免疫力的養生菜肴。

那段時間餐廳生意慘澹，為了減少不必要的浪費，吃到飽的欣葉日式自助餐，也權宜調整經營模式，放棄豪邁的吃到飽，改採單點供餐。除此之外，餐廳一年四季忙到頭，難得有這麼一段營業空窗期，與其坐困愁城，我想不如利用來做些有意義的事。外場服務生多出來的時間，利用來做電話拜訪，問候我們的熟客，雖然平日餐廳也會透過電話與客人維繫關係，但當時人心惶惶，主動打電話這個舉動，跟平時做生意的促銷動機完全不同，客人接到問候電話非常驚喜，認為在這種非常時期，難得欣葉還會惦記著他們，感覺格外窩心。

我們也利用這段空檔，請供貨商吃飯聯絡彼此情感，一方面感謝他們多年來的配合，同時也為彼此打打氣。因為這一場流行疫病，不僅重擊觀光餐飲業，供貨商也深受其害，大家聚在一起吃飯，有相濡以沫的味道，同時可以交換情報，讓彼此更清楚掌握市場現況，藉此了解別人在面對類似狀況時，是如何應戰的？面對同樣受害的觀光旅遊業，我們則主動伸出友誼之手，讓旅行社知道，無論未來狀況如何，欣葉會永續經營，請他們繼續給予支持。

那一陣子，我每天注意新聞報導，有一天晚上看到萬華華昌社區因疑似染煞將被封鎖，我在隔天的主管會議上，提議欣葉應該趁這個機會，提供一己之力做些回饋。我們主動聯絡衛生單位，詢問有沒有什麼地方可以幫得上忙，對方表示他們正在為封鎖社區的吃飯問題而煩惱，我們允諾將為被隔離的社區民眾送便當，協助解決用餐問題，這些是我們當時能為這個陷於恐慌的社會，所做的一點舉手之勞。

六月四日，台灣 SARS 疫情趨緩，人們開始走出家門，重新回到街上，寂靜已久的馬路恢復生機，餐廳生意也一夕復甦，疫情警報解除後，欣葉的業績恢復八成以上，我們終於挺過難關。

那一年年終，總結算下來，欣葉沒有獲利，所以那一年打破慣例沒有發放年終獎金。但我深深感謝所有陪著我們一起撐過難關的夥伴們，因為沒有員工的共體時艱和廠商的支持，這堂震撼教育課，欣葉沒有本錢走下去。那是第一次我深刻受到，欣葉這間公司不是靠老闆或幾位高階主管做起來的，它是大家同心協力集體合作的結果，就像一棵植物，光靠土壤，沒有空氣、陽光和水的配合，開不出一朵美麗的花朵。

那年年底，我把SARS期間員工因無薪休假少拿的薪資，全數補發給大家，同時真心誠意向他們致上最深感謝。

轉機總在危機之後

欣葉挺過SARS這個非常考驗之後，隔一年又碰上兩顆子彈來挑戰，幸好因為已有前車之鑒，這個難關得以輕鬆度過。那是二〇〇四年總統大選前夕，兩黨候選人戰況激烈，三月十九日上午，選舉活動如火如荼進行著，當時國民黨候選人連戰呼聲頗高，由於隔天就要投票了，選情卻十分膠著，消息紊亂。上午開會時，我特別提醒財務長，最好多為公司準備一些現金周轉，以免選舉發生意外，影響到餐廳生意。當時選戰已進入最後階段，財務長安慰我：「不會有事的啦！放心好了。」

誰知道當天下午一點四十五分，爭取總統副總統連任的陳水扁和呂秀蓮，在台南市金華路掃街拜票時，發生槍擊事件，電視媒體最早在下午兩點左右報導了這則新聞，一開始說是總統、副總統被鞭炮炸傷，後又改說遭遇子彈攻擊。直到下午三點半，時任總統府秘書長的邱義仁召開正式記者會，說明陳水扁和呂秀蓮在競選行程中遇到槍擊，已送往台南奇美醫院治療中，國安機制在槍擊後隨即啟動。

這兩顆突如其來的子彈，翻轉了選情，隔天投票結果出現逆轉，原先呼聲較高的連戰敗下陣來，總統陳水扁競選連任成功。但也因為如此，接下來總統府前鬧了兩個多月的抗議行動，不滿選舉結果的民眾集結示威，警察封閉周邊道路，許多商家的生意都受到影響。欣葉的生意也被波及，幸好我們已有準備，加上前一年 SARS 的震撼訓練，面對變化，大家都能從容以對。

欣葉，起飛

經營餐廳如同走一條人生的道路，遇到流年好的時候，走的是順風路，賺的是容易財，錢嘩啦嘩啦流進口袋；但人生並不總是一路順風的，總有那麼一些時候，我們會遇上歹年冬，碰上一些坎坷和磨難。幸好順風車和低潮期都不是絕對的，順境的時候，要注意暗藏的漩渦和礁石，過度自信與大意，極有可能在航向大海的途中翻覆。低潮時也不用垂頭喪氣，記得隨時打開天線保持靈敏，因為轉機常常伴隨在考驗之後降臨。

以 SARS 為例，它雖然為台灣餐飲業帶來慘痛教訓，卻也是一個重新洗牌的契機。欣葉經過 SARS 考驗，休養生息，調整體質，接下來短短半年之內，展開一系列拓展計畫。

首先我們在最熱鬧的忠孝商圈，開了台菜忠孝店。同時又開了咖哩匠 SOGO 店。並且跟大成長城集團合作，在台北市內湖三軍總醫院的地下美食街，開設以野菜為主題的健康小火鍋「活氣涮」。那一年十月，我們更首度與華航攜手合作，將台灣美食送上高空。

一開始，華航跟我們聯絡談合作事宜，只是看上欣葉的招牌甜點——杏仁豆腐，沒想到洽談過程中，慢慢談出共識，合作案越談越大。那是本土化呼聲高揚的年代，華航表示想在台日航線上與欣葉合作引進台灣料理。這個合作案由欣葉研發菜單，提供食譜和技術指導，華膳空廚負責製作供餐。

這是欣葉第一次嘗試與航空公司合作，要把在餐廳現烹現上的菜肴，轉變成先備製、後加熱的飛機餐，無論在食材選擇或作業流程上，都有許多不同考量，包括食材冷凍後復熱的口感，以及機艙裡有限的加熱空間、時間和溫度等種種限制，對於設計規畫機上餐菜單的廚師來說，在在都是新的挑戰。幸好當時行政主廚阿南師一一克服了，前前後後經過二十次以上的試菜，才把菜色確定下來。

二〇〇三年十月起，坐上華航台北往返東京、名古屋、福岡三條航線的旅客，都可以吃到親切的台味。

從這一天起，欣葉台菜飛天了！

第十二章 欣葉二十年之後

回客率一直是欣葉的強項，尤其欣葉台菜的老客戶比例高達四成以上，這是全體同仁用四十年努力和用心經營出來的成績。我們曾經針對來用餐的客人做過問券調查，問他們為什麼選擇到欣葉吃飯？經常聽到的答案如下：「欣葉台菜很好吃，食物很實在」、「在欣葉辦桌很有面子，非常澎派（閩南語豐富之意）」、「介紹朋友去欣葉吃飯，不會漏氣」……總歸下來，欣葉的信用好、服務好、食物好吃，是客人喜歡來用餐的原因。

熟客固然是欣葉最大的財富，但一家老字號的餐廳如果只抓住老客人，未能吸引新客層上門，久而久之，這個優勢極有可能變成危機。美國餐飲大亨丹尼梅爾（Danny Meyer）曾經分析，顧客上門用餐不外兩種過程：嘗試和重複，一間成功的餐廳必須在這兩個過程都勝出。他發現大部分的餐飲企業比較擅長用心服務熟客，卻疏於吸引新顧客，他提醒：「討老顧客歡心固然重要，但是延續企業壽命卻有賴贏得新顧客的心。」

兩個品牌，不同命運

欣葉二十週年之後，我經常想：傳統的台味有沒有可能年輕化，讓年輕客人願意走進來消費呢？趁著SARS休養生息那一段時間，我們默默籌備著一間全新概念的台菜餐廳。當時我們的想法是這樣的：未來台北都會將走向分眾社會，從前那種大規模大店面的門市經營，需要的服務及後場人力資源龐大，已漸漸不符合現代都會的發展趨勢，因為功能完整的大型餐廳在台北市已經夠多了，我們必須開發分眾的用餐型態，針對不同客層不同時段，規畫不同商品，讓消費型態更多元，坪效也能因此增加。

二〇〇三年六月，揮別SARS陰霾之後，欣葉隨即開了以「古味今品」為主題的忠孝店。這家門市開在忠孝東路四段精華區，店面不算太大，卻是我們進駐東區精華商圈的嘗試，規畫設計走出過去欣葉台菜的傳統氛圍，裝潢新潮、氣氛時尚，以精緻手工台菜和台式輕食為訴求。

我們規畫這個餐廳的概念是「味道是老的，但呈現手法是新奇現代的」，考慮到女性客人較小的食量，以及雙人用餐時能有更多樣化的品嘗，「古味今品」打破傳統中菜大分量的上菜方式，改以單品小分量呈現，採用單人計價，讓上門客人可以不受人數限制多樣化點菜，卻不用擔心吃不完造成浪費。

「古味今品」定位在家裡的另一個廚房，菜單上平均有一百五十到兩百道菜，比起欣葉本店近八百道菜肴，明顯輕巧許多。營業時段也打破傳統中菜兩頭班的模式，針對都會用餐需求做不同規畫，例如中午主攻商業午餐，下午茶時間提供輕食，晚上則以逛街或朋友聚宴為主。

菜單安排不像傳統以食材做分類，改以料理手法做區分，如此客人可以依煎、炒、煮、炸不同料理方式點菜，讓上桌菜肴不至於有過多重複性。口味上我們雖堅持保留原味，卻用了不同的方式呈現，例如把欣葉招牌的花枝丸改成花枝條，傳統中菜那種鑲金邊大圓盤不見了，改以方、橢圓、菱形、三角等各種多樣造型的盛器，讓台菜充滿新鮮年輕的感覺。

年輕的台菜「蔥花」

「古味今品」成功讓台菜年輕化，隔了四年，我們又開了氣氛更輕鬆的「蔥花——欣葉小廚」。正如蔥花在中華料理中的親民角色，我們希望對年輕消費者來說，這是一間沒有距離的餐廳，有放鬆的空間、美味的食物，讓忙碌一整天的上班族，下班後有一個地方可以發發牢騷，幹譙老闆。

二〇〇六年「蔥花」開在台北忠孝東路四段統領百貨二樓，佔地三百坪，裝潢設計比「古味今品」更活潑前衛，黑色裝潢基調，配上彩色霓紅燈管和牆上幾何線條圖形，空間裡流洩著熱情奔放的音樂，平均年齡二十歲上下的服務生，熱情地招呼客人。餐廳的營業時間很長，從中午十一點半一直到午夜一點，翻開鮮豔的橘色菜單，菜名十分Kuso：蔥花膠原、誠實豆花包、青龍皮皮剉、老師對不起（竹筍炒肉絲）、就醬子腸、辛香落跑雞、狼人菜脯蛋、疲勞轟炸雞……一板一眼的中菜，在「蔥花」被徹底解放了，客人在這裡點菜，要多用點想像力和幽默感。

「蔥花」沒有欣葉數十年的老招牌包袱，純粹想以創意吸引年輕人回歸本土美食，它的創意在當時是受到客人肯定的，可惜我們承租的店面坪數太大，租金高加上裝潢投資過大，使它一直不賺錢，營業四年後，趁租約到期，我們結束不算成功的「蔥花」。

兩個同樣走年輕風格的台菜品牌，卻有著不同命運，說明成功和失敗都是生意場上不會停止的輪迴。我們一直沒有放棄成立年輕化副品牌的想法。二〇一四年，我們又開了坪數更小的「欣葉小聚」，未來我們不排除「蔥花」還會捲土重來，我相信有了過去失敗的經驗，經過時間反芻之後再生的「蔥花」，一定會有另一番新風貌。

西進，放眼大陸

欣葉走到今天四十年，為台菜掙得一席之地，但在前二十年，台菜在台灣其實是一個不受重視的菜系，它在餐飲市場上雖有一定位置，卻從來不會是主流。西元二〇〇〇年以後，這個態勢才逐漸有了翻轉，當時兩岸雖然沒有正式三通，但我們覺得台灣不可能永遠跟對岸保持距離，互通是必然的發展方向。將來兩岸開放了，大陸遊客進到台灣來，台菜是他們一定會有的用餐選項，我們希望陸客選擇台菜時，欣葉是第一個跳進腦海的品牌。這時候我們開始考慮西進大陸，因為要讓對岸認識欣葉這個品牌，我們必須先進入他們的市場，所謂知己知彼才能百戰百勝。

一九九五年我第一次赴大陸考察，乘坐中國民航從上海飛抵北京，隔天一大早起床後，我在北京的大街上散步，欣賞這個古都獨有的生活情調。當時大陸的物價還很低廉，豬肉一斤只要兩塊人民幣，豆漿不加糖的一杯兩毛錢，加糖五毛。天子腳下的北京，有著悠久的歷史和文化傳統，是中國其他都市沒有的特色。因此當年前我們決定西進大陸，討論要選擇那一個城市做為首波進駐點時，北京成為我們的首選。

當時我們考量到上海固然經貿發展繁盛，但北京使館多，各地菁英匯萃，要打開品牌知名度，北京顯然是更好選擇。不過北京與台灣距離較遠，天候差異性大，則是不利條件。權衡利弊之後，最後我們還是選擇挑戰性比較大的北京，做為進駐大陸的首站。

二〇〇五年，位於北京朝陽區工體西路六號的欣葉台菜旗艦店開幕，二〇〇九年欣葉又在北京開了中關村門市。首家店我們與房東一口氣簽下七年合約，二〇一二年合約到期了，欣葉沒有續約，北京第一間欣葉台菜餐廳短短七年就吹了熄燈號。欣葉進駐北京近十年，共投入新台幣一億四千多萬，綜觀它失敗的諸多因素，市場改變、訊息錯誤和用人不當都是主要原因，表面上我們固然可以把鎩羽原因，歸咎於北京不斷飆漲的房租和節節高升的人事成本，但追根究柢，北京店的失敗是我們自己做得不夠好，不但進入市場前的市調功課做得不夠扎實，選點和定位上也有失策，埋下日後失敗的原因。

首度西進的失敗經驗

一開始欣葉北京店的定位是高檔商務餐廳，專攻應酬生意，主要消費客層以客居北京的台商為主，經營兩、三年後，才發現這個地區因為商圈板塊移轉和交通緣故，只能做週一到週六的晚餐生意，中午時段和週日幾乎沒有客人上門。當時開在我們隔壁的「鹿港小鎮」，同樣賣台菜，走的是中平價位，生意卻比我們好上許多，週間中午及週末假日都可以吸引到人潮，顯見是當初開店時的市調功課有誤。我們雖進入北京做生意，卻沒有真正接上地氣，與當地消費市場做連結。等我們發現錯誤想導正時，嘗試調整價位，改走平價路線，結果卻兩邊不討好，不但沒有順利吸引足夠新客源，反而流失掉原來的老客戶。

北京店的失敗，除了策略上錯誤及誤判情勢外，也有相當大一部分是人為因素使然，欣葉北京店的重要幹部主要來自台灣，他們遠赴異地打拚，剛開始生意做得很好，很快打響知名度，也許是成功來得太快了，這批高階主管逐漸被一時的成功沖昏頭，沒有繼續專注於經營餐廳本業，也忘記欣葉的核心價值是老實不欺瞞，最後甚至爆發操守問題。綜合以上諸多狀況，加上租約到期，二〇一二年我們先收掉工體店，第二家中關村店也在兩年後，因為租約到了一併結束營業。

欣葉第一次西進大陸市場遭到挫敗，在於我們不該用台灣角度看大陸市場，仔細分析檢討原因，無論該究責那一位員工，我都責無旁貸概括承受，也應該要負最大責任。在當年的股東會上，我向股東們鄭重鞠躬道歉。但這並不代表我們西進政策是錯誤的，我深信大陸市場並非不可為，而是經營策略上需要有所調整。

二〇一六年，欣葉在大陸捲土重來，五月先開了青島店，十二月再開廈門店，這次我們改變選點策略，放棄競爭激烈的一級戰區，改在二線城市拓點，除了因為租金相對平穩，二線城市的市場競爭也沒有大都會那麼激烈。再次西進，欣葉選擇與在當地經營有成的企業集團合作，因為我們相信強強聯手能幫助彼此在自己擅長的領域各自用心，資源共享的結果，是大家拓展市場時更收事半功倍的效果。

廈門磐基中心欣葉台菜

最具象徵意義的決定

二〇〇四年十二月底，蓋了六年的台北一〇一（TAIPEI 101）大樓正式落成啟用，這個位於台北信義計畫區的摩天大樓，是一個綜合型的金融商辦大樓，最初為了配合政府的亞太營運中心政策而籌建，樓高五百零九點二公尺，地上樓層一百零一層，地下五層，完工以來即成為台北重要地標。

二〇〇五年台北一〇一購物廣場先行營運，很快打響國際知名度，隔了半年，有一天我接到大學同學Mara的來電，當時他正負責為一〇一招商，他在電話那頭問我：「台北一〇一的八十五、八十六樓規畫想做主題餐廳，欣葉有沒有興趣進駐？」坦白說這是一個很有吸引力的邀約，但一開始我未置可否。

隔了一陣子，時任台北一〇一總經理的宏國集團第二代負責人林鴻明先生到欣葉吃飯，碰到鐘副董的時候又重提此事。鴻國林家兩代都是欣葉的老客人，這時候我才慎重考慮進駐台北一〇一的可能性。做生意有兩種不同思維，如果你把一筆生意看成是機會，就會努力克服路上的障礙，但如果一開始你把它想成是風險，那麼就會覺得其中困難重重。多年來我習慣把每一次邀約，都看成是一個機會，無論誰來找欣葉談合作，我都願意坐下來跟他好好談一談，很少一口拒絕，這一點董事長的態度也一樣。

我相信機會要靠自己創造和把握，這跟買樂透獎券的道理一樣，誰都想中樂透，如果你不買，永遠不會有中獎的一天。因此做生意要學會先看到機會，然後再從機會中找出風險在哪裡？仔細評估研判，再理性做出要做或不做的決定。對我來說，在台北一〇一開餐廳是個大好機會，但其中的確也存在著不少風險。

從機會那一面來看，在台北地標之一的摩天大樓開設台菜餐廳，不但具有話題性，更是把台灣料理推上國際舞台的重要一步，在這之前欣葉曾經召開過品牌發展策略會議，會中明確訂出品牌國際化是未來發展的重要方向，因此我在董事會上以此盡力說服大家：「一〇一大樓是所有來台觀光客及遊客都要去的地方，也是都會人一個重要的休憩點，它是一個難得的機會，一旦錯過可能永遠不會再得，再說台北一〇一一定會有一間台菜餐廳，與其是別人，我更願意它是欣葉！」

不可否認，這個機會也藏著相當大的挑戰和風險，一開始，連主動找欣葉合作的台北一〇一業主也有一些顧慮，當年被林總經理派來洽談合作細節的楊協理曾經直接問我：「台北一〇一要開的是高檔台菜餐廳，客單價起碼千元以上起跳，欣葉做得來嗎？」當時欣葉北京店已經開幕，走的正是高檔台菜，為了證明欣葉具有經營高檔餐廳的能力及水準，我特別邀請楊協理及相關工作人員飛一趟北京，請他們實際觀摩體驗，北京之行後，他們終於相信欣葉有這個實力。

除了面對外在的質疑，公司召開內部會議時，也有八成的人投以反對票。反對理由包羅萬象，從風險太大、租金過高到樓層太高，食材運送不易、消防安全等問題林林總總。還好董事長沒有投下反對票，我了解媽媽，她一定也覺得這是一個讓台菜揚眉吐氣的好機會。為了說服大家，讓風險降至最低，我實際沙盤推演，仔細估算過營收及投資成本，有把握這是一筆不會虧本的生意，最後，我拿出的數字報表說服所有人。

最高食府「食藝軒」

台北一〇一的八十五樓共有四百多坪，分為兩半，欣葉分到的兩百坪賣場，對外是看象山的那一面，雖看得到綠油油的山景，卻沒有台北夜景的炫爛，景觀較差。另外兩百坪被日本一個國際餐飲集團拿下，預備做義大利餐廳。我去看過好幾次場地，深深惋惜沒有辦法取得好景觀。

沒想到隔了一陣子，聽說另外那半邊的義大利餐廳不做了，日商因為日本景氣不好，海外投資計畫都暫緩。由於這個意外插曲，台北一〇一又要重新招商，尋找願意接手的餐飲業者。我連忙聯絡負責招商的大學同學，試探性詢問有沒有可能兩邊互換，把面向台北市景那兩百坪讓給欣葉？對方答應幫忙協調，沒多久就有好消息傳來，令我扼腕許久的景觀問題，不費吹灰之力迎刃而解。

二〇〇六年底，欣葉即將滿三十歲之際，「食藝軒」在台北一〇一大樓八十五樓隆重登場，這間全台最高的台菜餐廳，也是欣葉台菜的精緻代表作。「食藝軒」這個名字由欣葉全體員工投票產生，打破大圓桌大圓盤分食的台菜傳統，改以個人套餐供應，我們特別邀請本土作曲家陳揚先生，將台灣四、五〇年代的老歌重新編曲，在用餐時間播放，希望來到食藝軒用餐的客人，除了單純口腹享受之外，也能五感同開，全方位品味台灣。

食藝軒共花了四十多萬元的投資，餐廳最美的時刻在夜幕降下之後，窗外燈火一盞盞點亮，台北盆地的璀璨繁華盡收眼底。食藝軒開幕後生意不錯，但公司裡依然有人憂心在這麼高的樓層經營餐廳，如何把人流引導上高樓？（川流不息的人潮總是橫向流動）還有食材的運送也是挑戰，更多人擔心投資這麼大，能回本嗎？

這幾個疑慮我倒並不十分在意，因為樓高問題可以克服，投資經過仔細精算絕對不會虧本，只有賺多賺少的問題。但台北一〇一的指標性質和無與倫比的景觀，是有錢都買不到的優勢條件。欣葉想藉這個機會把台菜的高度與知名度，都往上再拉高一個層級，讓世界看見台菜，品嘗台菜、進一步愛上台菜，食藝軒這個「最高食府」具有象徵性的意義。

第十三章 找出亂源

二〇〇五、二〇〇六年是欣葉的快速發展年，那兩年間我們不但登陸北京，還躍上台北一〇一，成績有目共睹，但在事業版圖快速拓展的同時，公司內部卻處於一種前所未有的混亂狀態，衝突、爭執、對立此起彼落，讓我傷透腦筋。

一天，一位離職老同事回公司探望我，中午我請他到欣葉本店吃飯，當天同桌的還有鬍鬚張的老闆張永昌，大家邊吃邊聊。席間老同事提起他最近上過的一系列課程，極力推薦，一旁的張永昌也說：「這些課程不只對自己好，對公司更有幫助。」對公司有幫助，這幾個關鍵字讓我眼睛一亮，當下我就想把這套課程推薦給公司員工，讓他們去上課，或許能解決公司內部的混亂狀態。但要說服同事去上課，總要先弄清楚課程內容吧，我馬上替自己報了名。

原來，我才是亂源！

這一系列叫「心動力」（ASK）的課程源自美國，中心思想建立在心是一切動力的來源，由心出發才能創造真正的願景。授課方式不同於傳統單向教學，採用互動式體驗學習，由於心是創造一切的關鍵，課程特別強調醒覺和改變的重要。第一天上課在晚上，所有學員先分組，我被分到一個七人小組。

首日課堂上，一位名叫彼得的老師先開場，我雙手抱胸斜靠椅上聽他講授。彼得說，心理學有一個冰山理論，人類露出來的表意識，只是冰山的一小角，約只佔整座冰山的百分之十，藏在表意識之下那百分之九十，是我們平時幾乎無法察覺的潛意識、無意識（或稱超意識），才是操控我們各種信念、想法和行為的關鍵。唯有透過內在的醒覺，引導我們從不同角度，探索平常習而不察的心態及行為反應，才有機會打破固有的價值觀藩籬，開創出嶄新人生。

人心本複雜，彼得的論述引起了我的興趣。第二天，我準時來到教室，打算繼續好好聽課，就在那一晚，也許是內心醒覺力量發揮作用，我首次察覺公司裡那一團混亂，自己才是最該負責的人。原來我是最大亂源啊！內心不禁微微一驚。

那天下課前，老師請大家回去做一個功課：「明天早上起床之後，想一想什麼人是你久未聯絡，很想跟他說說話？主動跟他聯絡一下。」

隔天早晨，一醒來想起老師交代的功課，左思右想，想到住在附近的丈母娘。我們住得很近，平日卻疏於往來，經常一整個月過去，我都沒有跟她說上一句話，那天早上我決定主動跟丈母娘打個招呼。於是去敲了她的門，丈母娘打開門看到我，有點驚訝，我簡單向她問好，話話家常，臨走之前還主動趨前擁抱了她一下。接下來兩三天，我每天上班前都去敲岳母的門，跟她聊聊天，告辭之前一定擁抱她一下。到了第五天早晨要上班之前，老婆好奇跑來問我：「快說，你最近對媽媽做了什麼？讓她心情這麼好？」

我答：「沒做什麼啊，只是陪她說說話，擁抱她一下，如此而已。」接下來神奇的事發生了，老婆看到媽媽心情變好，心情跟著好起來，我們的女兒感受到媽媽的好心情，也開心起來。住在隔壁的媽媽，看到孫女兒開心她也開心，連當時高齡的阿嬤都感染到這股快樂氣氛，阿嬤天天到欣葉本店用餐，她把這股開朗歡樂的能量帶到餐廳，沒有多久我就發現公司裡的氛圍開始有了奇妙轉變，對立和衝突緩和了，僵持逐漸被軟化取代，人與人之間的關係不再那麼緊繃。而這一切改變，不過因為不久前我擁抱了自己的岳母，這就是蝴蝶效應的真實展現。

第一階段課程結束當天，全家人一起到我上課的地方接我回家，那天晚上我突然感受到，過去一直存在於家裡的某些糾結，因為我上課後的改變，出乎意外地順利解開了。那個週末我到砂帽山騎車，當自行車從山上一路往下滑行，迎著風的我感到前所未有的快樂，因為活到這麼大，自己從未如此理解過自己！有趣的是，太太看到我的轉變，在我上完三階段課程之後，竟然也報名開始上課。

積極鼓勵同仁一起上課

我在課堂上受益良多，不但接續報名第二階段課程，也希望公司同事能領略上課的好處，為了鼓勵他們，我釋出誘因，宣布只要有人感興趣，第一階段的課程費用由公司全額支付；如果還想上第二階段，公司可以給予公假；時間較長的第三階段課程，只要有人想繼續進修，公司願意提供貸款支援。

在我積極推動下，全公司大約有四十多人陸續報名上課，有些人上過課之後脫胎換骨，從前總是靜默不多話的配合者，開始積極表達意見；有些人則如大夢初醒，想要尋找自己的夢想。仔細算一算，上過課的同仁當中，大約有一半的人在往後那幾年陸續選擇離開公司，這是我始料未及的結果。面對這些離職同事，我的內心經過一番掙扎，反覆思考之後，最終我都給予祝福，我覺得如果他們發現自己並不適合眼前的工作，那麼早點離開去尋夢，或許對大家都是好事。

但公司裡不是每個人都如此看待這樣的上課後遺症，連一向支持我的媽媽到後來也忍不住了，對我下達最後通牒，勸我別再去上課了。但是這些年來，我還是持續透過進修探索自己的內心，這些身心靈的課程訓練，讓我像剝開洋蔥一樣，一層又一層打開自己，清楚透析內心，也深化我探究事情的視野與角度。

我體會到，人與人之間有奇妙的磁場牽引，無論公司內部的人際關係，還是我們在餐廳透過食物和款待，與顧客進行的互動交流，在形而下的表相之外，其實是不同的能量流動。我們每個人所在的環境，都充滿著各種信息，這些信息以各式各樣的形式存在，有物質的，有聲音的，也有無影無形單純以能量呈現。信息從不單獨存在，即使表面上看來毫無干係，細細推敲之後，很可能發現彼此之間幽微奇妙的關聯，它們息息相關，一個牽動著一個，是整體的、細微的，密密交纏出來的一整片網絡。

從那時候開始，面對公司內部發生的各種問題，我已經不再急於解決表相，我知道唯有不迷惑於表面現象，才能真正深入肌理剖根挖底，抽絲剝繭找尋源由，這才是面對問題時，釜底抽薪的根本解決之道。

彈性，更能看清楚問題

幾年前曾經應邀到泰國參加一個餐廳的開幕派對，宴會結束後，我跟當地一群朋友約好隔天去踏青。大家相約九點半到十點之間碰面。隔天一早，我依約九點二十分就來到集合點，心想這樣絕對不會遲到，等到九點半沒有半個人出現，我繼續等啊等，過了十五分鐘後依然不見半個人影。我按捺住性子再等，五分鐘後終於來了第一個人，接下來所有人陸續在十分鐘內到齊，十點準時出發。

那天我才知道這是泰國人約會的方式，他們總是會提供一個緩衝時間，不把時間約得那麼死，這樣每個人都可以依個人狀況調配到達時間，不致因為路上有意外耽擱而備感壓力，我覺得這是一種滿不錯的方式。以前我跟人約時間總是斬釘截鐵，九點就是九點，在那之後我學會預留一點空間。

我會問：「九點到九點十五好嗎？」對於講究效率的我來說，這在過去幾乎是不可能的事。但是現在不一樣，我喜歡預留一點空間，因為多一分空間就多一些彈性和從容。一般人經常把快和急混為一談，其實它們是兩碼事，做事可以快，但不要急，急了會擾心，心一亂事情就不容易做好。現代人最愛把時間就是金錢掛在嘴上，認為掌握時間就是掌握金錢，如果這個立論成立，那麼有錢沒時間的大老闆應該是最貧窮的人。

在欣葉的企業體系架構完成之後，我開始嘗試調整自己的工作，儘量在忙碌的工作排程中，增加一些空間和時間，為自己預留一些彈性，我相信因為多了這一層距離和彈性，有些事才能看得更清楚。宋代大文豪蘇東坡遊廬山時，已經藉一首詩告訴我們這個道理，他說：「不識廬山真面目，只緣身在此山中。」

穿著衣服改衣服

非常有趣的，當我以另一種視角觀察欣葉這個大公司，默默旁觀一陣子之後，發現這個集團內出現了一些狀況。當時的欣葉已經是擁有三十多年歷史的資深餐廳，這間餐廳最初由媽媽和阿嬤胼手胝足一路做起來，多年來建立起一套屬於欣葉獨有的價值觀和信念，這套信念支撐欣葉走過一個又一個十年，但弔詭的是，當年那個支持欣葉成長的力量，在企業發展到一定規模之後，已經不再是助力，反而變成一種限制。信念發展成一種集體潛意識，束縛欣葉人只能在某種固定的意識型態下用固定的模式做事。

我從哪裡看到這種習而不察的集體潛意識呢？答案是：我們與其他業者的合作。在欣葉這一路發展歷程中，我們曾多次與人合資經營餐飲事業，可惜這些合作多半沒有美好結果，經常因為種種因素不得不中斷，歷經過幾次不算成功的合夥事業後，我回過頭來找原因，發現困難之處不在合資夥伴身上，而是欣葉本身有許多限制。

欣葉是一個擁有悠久歷史的老餐廳，我們對內很團結，對外卻很害怕，這一點在合作過程中清楚浮現出來。因為我們有過去成功的經驗，使我們在與人合作時很容易抓住這些經驗不肯放手，總怕別人做不好，其實害怕的心態本身就是一種負能量，它像一道鎖，鎖住別人也鎖住自己。我看到欣葉未來發展上的限制，知道如果我們總是用老方法面對未來的市場變化，那麼以往的成功經驗漸漸會變成一個拋不掉的老包袱，我必須幫欣葉掙脫這個無形的枷鎖，才能迎向下一個嶄新的十年，否則欣葉的進步將會趨緩，甚至不會有未來。

我知道改變勢在必行，但是該怎麼改？從何改起？坦白說當時連自己也不甚清楚，唯一肯定的是非改不可，而且改變必須從我做起，唯有先改變自己，從一個人的改變影響兩個人，兩個人再影響四個人，以此類推……真正的變化才會如水面漣漪般在企業內部持續擴大。

我把心得說給同事聽，並把這種改變形容為「穿著衣服改衣服」，有的同事追問我該怎麼做？有的同事覺得我根本在找麻煩，甚至有人認為我是走火入魔了。幸好當我跟董事長報告我的想法時，媽媽的態度基本上是支持的，雖然她是帶著懷疑的相信，但她願意支持我的想法和做法，這一點比什麼都重要。

改變，不嫌晚

改變的第一步，我想重建公司內部的指揮指導系統，弱化領導中心是我改變自己的首部曲。早年欣葉是家族企業，董事長、阿嬤、股東……只要是上位者都有說話指導權，很多時候不同的人各交代一套，到底該聽誰的？經常造成一線工作人員相當大的困擾。

舉例來說，以節省為美德的阿嬤，經常提醒大家凡事要省，叮囑服務生看到客人來了才開燈，巡店時發現客人沒吃完的食物，被外場服務人員通通倒掉，她也忍不住碎唸兩句。節省固然是美德，但要怎麼省？用什麼方法省？當時在欣葉根本沒有標準可循。

時代在變，從前節省的方式不一定適用於現在，既然如此何不轉個彎？我的方法是不再一味強調省，只要大家做到不浪費就好。其實是同一個目標，但換一個角度出發，定義就清楚多了。

經過公司核心主管共同開會討論，幾年前我們重新建構公司裡的指揮指導系統，上位者說出他們的意見，但一線主管才是做決定的執行者，面對上層指示，如果他們覺得不妥，可以先報備，若有質疑則應該立即向上呈報。這幾年我們更善用手機通訊軟體建立群組，落實及時回報機制，群組裡的每個成員有任何問題都可以丟上來討論，透過即時報告、聯絡、討論，很多事在手機上一來一往的對話間迅速解決，這一來把過去欠缺的橫向聯絡管道彌補起來了，效率變得更好。

從前要一層一層向上呈報的事，現在丟上群組，相關人員同時都可以看到，但這個機制的建立必須在一個前提之下，那就是信任。同仁們必須信賴公司，也相信主管不會秋後算帳，我鼓勵大家勇敢講真話，等於把某部分的自主權交回給一線工作人員。

過去公司是強幹弱枝，現在倒過來，我想讓枝條茁壯強健。

第十四章

員工，最關鍵

二〇一〇年欣葉畫出公司組織圖，我們的組織圖跟一般坊間常見的組織圖非常不同，一般組織圖多呈現正三角形，最上方是老闆和領導階層。我們的組織圖是倒三角形的，最上方是基層工作人員，負責人和高階主管反而落在最下層，這張翻轉的組織圖，說明我們對於第一線工作人員的重視，也適切反應了欣葉的核心精神。

餐飲是人的事業，基層工作人員是面對顧客的第一線，一間餐廳能否運作順暢，第一線工作人員的團隊合作非常重要。在欣葉組織愈來愈龐大之後，為了讓企業內的合作關係更為順暢，同事們在遇到困難時，我們能適時伸出援手，從幾年前開始，我們嘗試在公司內建立起一個支持陪伴系統，這個系統包括了平台對話、執董信箱以及人事陪談，希望在企業內部提供多重管道，讓基層人員的心聲可以適切紓發出來。

平台對話傾聽真話

其中的平台對話，是開平餐飲學校的夏惠汶校長參考英國塔菲史塔克大團體動力試驗室發展出來的一套溝通方法，主要用來促進師生溝通，在這個對話平台上，老師和學生都是平等的，沒有上對下的階級，每一個人都可以透過平台，表達自己的感受和不同意見。面對衝突，夏校長相信先要學習勇於面對和傾聽，才能真正跨越差異，他認為教育不應該靠權威完成，而要透過愛的流動，首要就是拉掉上與下的無形界線，這樣愛的能量才會真正流動，學生們也才能快樂地學習。

我覺得這一套溝通方式也很適合用於企業，當一家公司的員工達到某個數目，加上公司為了有效營運建構嚴密組織，由於分層負責的關係，公司會有很多橫向聯繫，卻缺少了縱向溝通，久而久之，很多基層人員不願意把話說出來，他們覺得我說了也沒有用，因此上面聽不到基層的聲音。如果這種現象不解決，累積久了公司就會出現大問題。

當我聽說開平餐飲學校的師生平台對話，覺得應該會對公司的內部溝通有所幫助，特別邀請夏校長來公司主持平台對話，讓大家坐下來，把心裡想說而不敢說的話，對著你想對話的人說出來。第一次我們選在礁溪舉辦，由主持人引言後，帶領參與者說出心裡的話，對話前我先聲明：「這個說真話的舉動，只是鼓勵大家勇敢說出心裡的真實感受，你說給我聽，我也許不同意，但我尊重你說話的權利。」我再三保證，甚至寫成文字貼在公告欄上：「你在這個平台說的所有真話，都不會被處罰，也絕對不會有秋後算帳的事發生。」

剛開始，大家抱著懷疑的心態參加，發言者寥寥可數，後來有些比較不信邪的人，想試試看我說的話是不是真的，就鼓起勇氣舉手發言，他們說出原本壓在心裡的感受和情緒。慢慢地，願意把心裡的話說出來的人愈來愈多，這樣的平台對話跟業績生意一點關係也沒有，但是它背後的能量是強的，透過這樣的對話，原本被壓住的基層心聲有了宣洩的地方，也有助於各個小團體裡的溝通。

平台對話的功能在舉辦過幾次之後，已經可以看得到一些成效，因為增加了這個溝通平台，它讓主管階級知道底層的聲音不會被掩蓋，所以不能仗勢欺人。在同事與同事之間，平台提供很好的抒發管道，從前可能累積在心裡的疙瘩，現在可以透過溝通來消彌。直到今天我們一直持續舉辦著平台對話，因為高階主管通常三個月辦一次，各店還有個別的平台對話，就連平日緊張繁忙的廚房工作人員，多了平台對話增加溝通，對於壓力釋放頗有助益。

現在回頭看，我仍然覺得推動平台對話非常不容易，雖然難度這麼高，我們堅持不肯放棄，因為持續舉辦平台對話就像一個清水溝的動作，水溝常清便不容易堵塞，水能自由流淌，自然也就不會發臭了，為了讓公司的溝通管道始終流暢，平台對話持續進行著，成為欣葉內部的例行活動之一。

練好基本功——五常法和源全五S

我經常說趨吉避兇是我在欣葉最重要的職責之一，這個工作有幾個面相，一個是預先看到困難和挑戰，思考有沒有辦法避開或有沒有機會改變這個困境；另一個是要預見未來，這一點則要靠平日對時事的關注和敏感，以及多閱讀趨勢分析。

因為職責所在，平常碰到很多事，我跟同事們的反應經常呈現兩極。譬如大家一片叫好之際，我會比較冷靜，思考風險在哪裡？只怕樂極會生悲。但遇到挫折打擊，公司裡一片低迷，我就要跳出來為大家打氣，鼓舞同仁振作起來繼續往前走。踩煞車和催油門，這兩個不同的角色總是輪流出現在我的日常工作中。欣葉度過三十週年慶之後，我回過頭來想為欣葉再做些更扎實的基本功，五常法和源全五S就是我看中的馬步樁。

練過功夫的人都知道，無論你練那一門功夫，站馬步樁都是一定要練的基礎功，練馬步有幾個目的，一是練腿力，二是練內功。習武之人先練習把樁站好，因為站樁可以聚氣，所謂：「入門先站三年樁」，「學打先扎馬」，「練拳不練功，到老一頭空」，說的都是同一件事。只要你肯規規矩矩把馬步扎好，下盤就會像樁柱一樣穩固，這時候別人想打倒你就難了。

五常法落實安全與衛生

二〇〇八年，我去新加坡拜訪同樂集團，聊天過程中聽集團老闆說起自己最近去上一門「五常法」的課程，我愈聽愈感興趣，回來後馬上替欣葉報了名。

五常法是香港五常協會何廣明教授，規納整理出來的一套生活管理方式，透過有效地管理並重整工作空間，改善機構的安全、衛生、品質、效率和形象，進而達到提升競爭力的目的。五常法提出五S概念——**常組織 structurise、常整頓 systematise、常清潔 sanitise、常規範 standardise、常自律 self-discipline**，每一項下面各自有許多執行細節。

報名之後，香港五常協會派老師來為大家上課，並輔導公司建立起這套系統，這是一套很有效率的企業管理辦法，對於工作效率提升和辦公室管理極有幫助。舉例來說，為減少很多人平日找東西所浪費的時間，「常組織」要求清掉辦公空間中不需要的物品，然後依物件的重要性和使用頻率，重新組織分類，鼓勵減少用料，盡量循環再用，達到環保目的。實施五常法之後，欣葉辦公室將所有文具都集中管理，不但省下備置文具的費用，每個人的抽屜也多出許多空間，更不會有臨時找不到文具的窘困。

常整頓，要求所有物品都要有一個家（位置），並貼上標籤，物流和人流要注意先進先出的順序，辦公空間或倉庫都要有清晰的部門、地線、通道和工作證等標誌，五常法善於利用視覺管理法來提高工作效率，方法是增加物品的透明度，讓人三十秒之內就可以取出和放回文件及物品。

常清潔，制定了各種清潔和維修的檢查方法，並落實個人清潔責任的劃分與認同，連老闆和高階主管都不例外，為方便清潔打掃，按規定公司裡的所有東西都須離地十五公分。

五常法還提出常自律要求，除了每個人要履行個人職責，更要求今日事今日畢，同時它還有一套嚴謹的審核表，供人定期（最少每季一次）審核檢視。欣葉自從落實五常法之後，辦公室井井有條，工作效率提高，由於物品工具各有所歸，即使初來乍到的新人，也能很快上手。這套生活管理法則其實可以應用於各種機構團體，從工廠、醫院、地鐵、幼稚園，甚至香港的黃大仙廟，都曾導入五常法幫助提升效率。我個人覺得以這套方法管理餐廳，最能練好基本功，五常法的五S概念，能有效管控物流進出，不但降低食材報廢率，更為食安做好把關。在台灣，從事餐飲業的人多半把績效、坪效排在首位，認為賺錢才是王道。有心把餐飲當事業經營的業者，重視企業形象和品質，因此效率、形象、品質，是一般餐廳的排序前三名，安全和衛生反而落在後面。

五常法改變了這個排序位置，將安全和衛生放在首位，然後是品質和效率，前四項都做到位了，自然換來形象提升。這個思維上的小小改變，給我很大啟發，食安和衛生原本就該是餐飲業最重要的環節，與其努力拚形象，不如回到基本面，先把安全和衛生做好做滿，品質自然提升，這些才是餐飲業的基礎和根本。

為後場導入全新的管理觀念

欣葉是台灣首間榮獲五常法認證的餐飲企業，我們在導入五常法並持續執行八年之後，隨著環境變化，營運效益更為嚴苛，我覺得欣葉還有再進步的空間，於是在二〇一六年再接再勵導入——源全五S。

這套由香港源全學會會長譚淑玲女士設計的餐飲管理系統，不像五常法比較開放，適用於各種行業別及公司行號，源全五S的目標更為精準，主要鎖定在餐飲業，著重廚房安全及衛生維護。除了強調現場管理，更嚴格訓練員工養成良好工作習慣，從而有效提升餐飲工作人員的品質，維護好顧客的健康與安全。這套管理流程近年來被許多大陸餐飲集團採用，大幅提升餐飲從業人員的專業素質。

餐飲業是屬火的行業，欣葉成立四十年來，碰過幾次火災，俗話說水火無情，引進源全五S對於後場的安全維護有很大幫助。**源全同樣提出五S準則，但是和五常法的五S不同，分別是：整理（sort）、存放（systemize）、清潔（shine）、標準（standardize）和修養（self-disciplie）。**

以整理（sort）來說，不只要把東西擺放好，源全五S還要求要透過觀察分類及壓縮必需和不要的資源，讓後場的空間使用更有效率。存放（systemize）不單單是貨品的擺放儲存，它同時也是一種控制存放和提取的規律。清潔（shine）跳脫一般餐廳廚房要求的整潔，指向工作場所應該達到乾淨無垢的最高準則。標準（standardize）是指全體工作人員達成共識，將工作場所標準化。而結合前面四S的智慧，使它變成一種內部文化，最終可以培養所有員工自律守規，自發改善。

拳拳到肉的堅定改革

導入源全五S等於為餐廳的後場管理導入全新觀念，一開始推動難免碰到阻力，有不少工作人員認為這套方法根本行不通或沒有必要，也有廚師提出質疑，他們說欣葉每一間門市的廚房大小不一，很難一以貫之，有些廚房比較小，根本沒有必要使用這套管理方法，套句成語就是：「殺雞焉用牛刀」。但是我覺得正因為廚房小，其中的動線規畫和空間使用效率更形重要，在我堅持下，欣葉花了兩年時間導入這套系統，第一年示範，第二年我希望全數餐廳都能通過考核。但欣葉每一間餐廳的原始條件不同，有些門市囿於先天上不足，很難通過考核，南西店就是其中之一。

為了南西店無法同步，我把阿南師叫來詢問原因，一問之下才知道是現有廚房條件不符源全五S的規定，如果要達到要求，勢必打掉重練，算一算起碼花費新台幣五百萬元。我略作考慮之後宣布：「既然南西店的廚房要重練，乾脆停業一陣子，讓內外場一起裝修，明年度欣葉全數餐廳都要通過認證。」最後南西店總共花了一千兩百多萬進行全面改裝，隔年果然順利通過考核，公司同仁至此終於知道我貫徹的決心。

我相信練過拳的人都知道，你揮拳出手，若是只揮到空氣，你的拳是沒有力量的，但如果你揮出的拳頭碰到對手，有個阻力在，那麼這個揮出的拳頭才會扎實有力。決心也一樣，只放在嘴巴上說說的決心，不能算數，很多事要經過試練和考驗，才能真正見真章。

引進五常法，導入源全五S，幫欣葉重新扎穩根基。多年來引導欣葉執行五S的總幹事林秀玲，有一次跟我分享她的執行感想。她說：「我擔任總幹事這段時間，最有感的是這兩套管理系統對於營運現場的整理整頓，以及斷捨離為空間帶來的煥然一新。透過透明化（相片）及科學化（數據）管理，還有十四天回應機制所建立起來的溝通方式，大大增加管理效率。因為環境中的操作及存放訊息透明了，逐步打造出一個更友善的工作環境。」

「過去餐廳進貨備料仰賴老師傅們的經驗值，源全五S將主觀的經驗值轉化為客觀的以銷定產、以產定人、以人定物乃至以物定環思維，對於年輕世代的工作者來說。可以有一個工具（界面）傳承老師傅們的廚藝、廚德和廚政，讓新舊世代彼此找到交流的語言和平台。」最有趣的是，她還觀察到欣葉同仁對於這些改變的態度轉換，從一開始抗拒到不得不接受，幾年下來慢慢養成習慣，這種轉變間接促成他們對於新事物的開放態度，這倒是當初我堅持導入五常法和源全五S所未料想到的意外收穫。

站在員工角度的換位思考

餐飲業是一門辛苦行業，工時長，休假天數少，別人放假的日子，往往是我們最忙碌的時候，早年餐飲服務業的社會地位不高，從業人員的自我定位和價值感相對較低。媽媽從事餐飲業多年，對這一行的辛苦知之甚深，她總希望讓員工在辛勞之餘，除了賺一份薪水，還能有比較好的福利，進而能從工作中獲得肯定。

為了提振士氣，早年欣葉一直採用現金獎勵，除了每個月發出薪水外，年終總結算後，若有盈餘一律分為三筆：一筆直接發給同仁做為獎金紅利；一筆當作周轉資金；還有一筆預留作未來開店的預備金。多年來欣葉不斷展店，員工人數逐年增加，每一年年終發出的獎金愈來愈多，公司留的現金反而不豐。

一九九九年起我們按政府規定實施勞基法，每位勞工按工作年資計算，退休時一年算一個基數。這是政府照顧勞工的美意，當時卻造成許多餐廳、工廠不小震撼，因為照勞保年資的計算方式，日後無論休假或退休金都將增加一大筆負擔，不少餐廳、工廠選擇結束營業或解散，乾脆砍掉重練。

當時欣葉的資深員工不在少數，我們沒有選擇逃避，而是跟所有員工坐下來協商。開會當天我宣布，從勞基法實施的一九九九年起，公司每位正式員工每年都算一個基數，但這個計算方式無法追溯既往。我解釋給大家聽：「早年董事長已將多餘的利潤都發給同仁當做獎金紅利，造成我們手上的儲備現金不足，舊年資無法比照辦理，但所有人的工作年資和應有年假，我們全都承認，希望大家能同意以每五年算一個基數的權宜方式來做結算。」那一年絕大部分同仁都認可這種處理方式，簽下同意書，跟著公司繼續往前走。少部分不願意的同仁，我們也不勉強，尊重他們的意願，按規定結清年資重新計算。

二〇〇五年政府再接再厲宣布施行勞退新制，要求雇主為適用勞基法的勞工，按月提撥工資的6%作為勞工退休金，儲存於勞保局設立的勞工退休金個人專戶中。那一年公司率先提撥了四千多萬放在中央信託局，開設員工退休金專戶，累積至今已達一億一千多萬元。這是一份替員工準備的退休保障，十多年來即使面臨各種挑戰與考驗，我們依然堅持做下去，這份貫徹的決心是換位思考的結果。

所謂換位思考，指的是設身處地從對方的角度出發來想事情。剛開始設立員工退休金專戶，看到一大筆現金放在戶頭裡不能動用，遇到需要周轉的時候，內心難免掙扎，每每遇到這種情況，我就把自己放在員工的位置上去想退休金這檔事。我想，如果我在欣葉工作了二、三十年，在我想要離開踏出另一段人生新步伐的時候，一定希望手邊能有一筆可資運用的金錢，數量多寡或許不是最重要的事，重要的是不會兩手空空離去。我覺得能帶著退休金離開一間公司，就像帶著祝福離開一樣，內心是溫暖的。

創造幸福有愛的工作環境

這麼多年來，我一直希望能在欣葉和員工及顧客之間，創造一種「幸福有愛的金錢關係」——對客人，我們不欺騙；對員工，則盡力在福利上做到圓滿。幸福有愛的金錢關係，是我從曾經上過的心靈成長課程得來的想法，在心理學的某個層面上，幸福、愛和金錢都與一個人的心態有關，有些人終其一生渴求愛、幸福或金錢，他們始終覺得匱乏，是因為他們的內在根本缺乏這幾樣東西，與其一直向外索求，不如釜底抽薪回到心靈層面，開始學習付出。當你學習付出愛，愛就存在你的心裡，金錢和幸福也一樣，它們不是名詞而是動詞，無論你想獲得愛、幸福或是金錢，千萬不要守株待兔，而是必須主動去做些什麼。當一個人擁有了愛和幸福，非常奇妙地，金錢對他來說相對也不再顯得那麼重要了。

我把幸福有愛的金錢關係運用到餐廳裡，無論對顧客或是一起打拚的同仁，在我們的互動關係裡，幸福有愛的感覺始終擺在金錢之前。因為有了這個想法，我開始主動去想能為員工再多做一點什麼。在建立退休金和保險制度後，員工最關心的休假天數，我們從三年前開始，已全力朝月休八天努力。

在坊間很多餐廳仍維持月休四到六天的情況下，欣葉從二〇一四年實施月休八天，這個決定一開始也讓各餐廳門市人仰馬翻，增加薪水支出事小，人力調配運用才是最大問題，幸好大家共同努力克服，雖然從月休六天提高到八天，一年要增加新台幣三千六百多萬元的薪水支出，但透過有效的排班調配，最後我們僅增加兩千三百多萬元就可以達標。因此當二〇一六年行政院宣布一例一休，要求提高休假日的加班費計算標準，引發社會上一片嘩然爭議，對欣葉的人力調配卻沒有造成太大衝擊，因為我們的休假腳步早就走在政策之前。

關於週休二日這件事，有人誇我厲害，我總是這麼回答：「不是欣葉特別厲害或我的眼光多麼精準，而是時機和態勢已經走到這裡了，你的步伐一定要趕快跟上去。」因為唯有提早做好準備，遇到衝擊時，陣痛期才能有效縮短。

第十五章 傳遞餐桌的力量

欣葉的核心價值是——有信用不欺瞞，除了做菜用料要實在，員工的職業道德也很重要。我經常提醒同仁千萬不要想欺騙客人，不要因為想多賺一點就要小聰明佔客人便宜，或為了追求績效犧牲客人權益。我經常和他們分享我和媽媽做生意多年的想法：「你佔客人便宜，他遲早會知道，被佔便宜之後，客人的感覺不會好，他不會再給你第二次機會，餐廳從此失去一位客人和無數筆生意，這才叫因小失大。」

在內部管理上，媽媽重視「人的價值」，她經常提醒管理階層：「只要讓員工有歸屬感，向心力自然就會出來。」因為看重每一位員工，我要求所有主管面對屬下犯錯，要盡量做到再給一次機會。

我告訴他們：「大家都年輕過，你年輕的時候，一定也犯過錯，諸如打破東西、翹班、偷懶摸魚，偶爾也會因為情緒不佳或衝動對長官不禮貌，當你過去犯錯的時候，是因為有人願意給你機會，你才能走到今天這個位置，因此今天你也該多給別人一次機會。」

回到初心

帶領員工，我始終記得媽媽告誡我的正面表列管理方式，也就是相信員工，看他的優點，少看缺點。如果你不相信你的員工，同事和同事之間沒有信賴，那麼公司的力量將被內耗，這樣戰力就不容易出來，是非常可惜的事。所以有任何高階主管或工作資歷較久的同仁想要離職，我都會請他們坐下來跟我談一談，我希望即使同仁要走，也要開心地說分手，不要帶著憤怒離開。

處理員工離職，過去我會設一個停損點，如果和對方談過之後依然沒有轉寰，我就會斷然做出處置，以免夜長夢多。這幾年隨著想法和觀念改變，處置方法已大為不同，我覺得一名員工在公司遇到任何困境，不單單是他一個人的問題，身為他的老闆和主管也有責任。因此現在有員工想找我談談他的工作困境，我不但會請他坐下來聊聊，還會先傾聽他的困難之處，遇到工作上有瓶頸，我們會一起討論出一個改善期限，然後雙方各自努力，當期限到了，如果問題未能順利解決，我仍然會做出適當處置，因為彼此已有之前的溝通和共識，通常對方都能欣然接受，也更能理解。

我覺得我和公司裡的所有同仁，都是一種合作關係，**從前我和員工只有合作和不合作兩種模式，現在模式變了，我們有合作與改變合作兩種選擇，不合作只是改變合作的諸多選項之一**。無論合作還是改變合作，我相信都可以找到好好處理問題的方法。過去，欣葉沒有讓公司員工互調部門的機制，有些人在一個單位待久了，單純想轉換一下環境，由於公司內部沒有平調機會，他們只好做出離職選擇，我覺得這是很可惜的一件事，為了讓人才在公司內可以更有效的流動，未來我打算建立公司內部的互調單位機制，只要有人提出申請，主管們就有義務協助他們調換單位，我覺得這是幫公司留住人才的好方法。

面對員工，我的態度是鼓勵和支持，盡量讓同事們感覺到我的心和他們在一起，我在乎他們的感覺，只是我們的立場不同，所以看待事情會有不同的角度。在我心裡沒有所謂的好員工和壞員工，只有適任或不適任的員工，因為好壞是主事者的一種主觀判斷，我相信在每一位員工心裡，沒有任何人會覺得自己是壞員工，充其量只有合適與不合適某個工作的分別。

在欣葉的長遠計畫中，我們希望培育出的是優質且具有競爭力的員工，如果今天欣葉出去的員工，別家公司願意出更高的薪水延攬，這表示欣葉的培訓是成功的，我也會真心替他們高興，感到與有榮焉。

話說回來了，這麼優秀的員工為什麼要離開欣葉？我想，這才是後續我要頭痛和研究的功課。

欣葉四十歲的禮物

二〇一八年欣葉迎接第五個十年的到來，年初我們悄悄搬了辦公室，從熙來攘往的雙城街搬到安靜的內湖，我們在基隆河畔找到一棟八層高的大樓，取名「慧鉅中心」，這是四十歲的欣葉送給自己的一份禮物。原本散落多處的欣葉後勤辦公室，集中搬遷於此，我定位這裡是——凝聚欣葉四十年智慧的地方，欣葉四十年來累積的寶貴經驗、智慧和能量，透過這個空間我們重整多年來累積的知識，尋找未來新的發展可能。這裡將是個重要的研發中心，欣葉未來將開發的外賣商品及中小批量的生產，都會集中於此生產，讓各餐廳的後場能擁有更靈活的空間調配。

現有台菜基礎，我們將繼續深耕，我希望大家在選擇台菜餐廳時，欣葉會是第一個跳入腦海，也是第一的品牌選項。在台北雙城街的欣葉台菜創始店，留下欣葉營業四十年來最完整的記憶，這個佔地四百坪的大餐廳就像旗艦店，菜單上提供八百道以上的菜肴，如同一間博物館保有欣葉所有的經典元素，從擦桌子的標準手勢，到許多市面上已經不容易吃到的老台菜滋味，它不會改變，但未來我們不會再開這麼大坪數的店面，而是會走向分眾市場。

我們會開出許多面積比較小，主題更明確的餐廳。除了「古味今品」和「欣葉小聚」，未來我們還計畫從現有菜單中，挑出某些品項開設專賣店。例如欣葉廣受好評的潤餅、刈包、炒米粉、花枝羹，都是很好的主題。這些供餐更快速便捷的餐飲店，可以進駐百貨賣場，也能在人潮聚集的車站或高鐵站搶市。餐飲一直是欣葉的唯一，也是全部，未來我們仍將聚焦這個主題，只是會有更多不同型態的發展及布局。

當一片稱職的綠葉

這幾年欣葉也嘗試與國外的餐飲集團展開新的合作計畫。二〇一五年我們與港資唐宮餐飲集團合作，從馬來西亞引進「金爸爸」。二〇一八年初，再接再勵引進唐宮（中國）控股有限公司旗下十個品牌之一的「唐宮小聚」，在台灣取名為「唐點小聚」。我們與唐宮攜手，開啟新的合資經營模式，雙方合作過程中，因為加入不同的想法觀念，可能衝撞彼此固有的信念，但透過溝通、討論和協調，合作雙方建構出共識，我希望藉由這樣的合作，為年過四十的欣葉注入活水，因為我相信唯有抱持開放的學習心態，才能持續培養新的能力，練就新的本領。

合作事業很像經營婚姻，結婚多半從雙方看對眼開始，企業合作則要能欣賞和認同對方的經營理念。決定合作之後，就要把自己打開，讓彼此透過了解建立互信基礎。過去欣葉習慣站在主導位置，這幾年我們學習放下自己的主觀意識，在合作經營事業時，如果對方已經是一個成功品牌，我們樂於扮演好綠葉角色，目的只為了把紅花烘托得更為出色。

學習做綠葉，是欣葉現在與人合作的心態，之所以有這種心態，因為我們發現綠葉不可或缺的重要性。香冷杉是一種長在北美高冷地區的常綠針葉樹種，樹身筆直，樹冠如尖塔，它的樹高有時可達百米以上，站在樹下往上看，大樹彷彿可以擎天，我曾經站在樹下想，這麼高的樹，營養和水分要如何傳遞？後來才知道，植物除了透過葉片行光合作用，製造包括葡萄糖在內的有機化合物，也會透過葉片的毛細作用，把水分從泥土裡吸上來。

每一個葉片，無論針葉還是闊葉，都像一座微型馬達和製造工廠，持續不斷進行各種交換和運輸工程，這是綠葉的價值，也是欣葉為自己在合作事業上尋找到的新定位。

舞台上誰都喜歡扮演吸睛的紅花，反而忽略綠葉的重要性，沒有綠葉，紅花無從突顯，少了綠葉行光合作用，也開不出燦爛持久色紅鮮艷的花朵。我們不再堅持當紅花，發現當綠葉也很快樂，與人合作時，我想將欣葉打造成為一個可以信賴的可靠夥伴。

一片襯職的綠葉，是我們看到自己的珍貴價值所在，也為欣葉的未來，開啟了更多可能性。

傳遞餐桌的力量

有一年我出國赴美，在舊金山機場遇到一對台籍老夫妻，他們在舊金山轉機之後，要飛到休士頓探訪兒子。老夫婦過海關時，因為語言問題遇到一些麻煩，正好我幫得上忙，就適時伸出援手。我陪著老夫妻過了海關，領出自己的行李後，先到出口處等待，想等這對老夫妻領完行李，再陪他們走到轉機口。沒想到一等足足等了四十五分鐘，才看見他們拖著行李走出來。

當他們走到門口看見我仍然等在那裡，幾乎不敢相信自己的眼睛。老先生喜出望外地說：「我們以為你早就離開了，沒想到你還在。」

站在幫忙就要幫到底的角度，我陪他們找到下一個航班的航廈，送他們到登機口，並且確認他們要搭乘的班機無誤後，我將這對老夫婦交給另一位搭乘同班轉機的香港旅客手上，才放下心來。算一算前後陪伴他們足足一個多小時。分手道別的時候，老先生很感激地追問我的姓名。

我遞上名片，老先生接過名片一看之後驚呼：「這麼巧！我昨晚才在欣葉吃飯！」老先生握著我的手說：「我常常到你們店裡吃飯，我是欣葉的老客人。」

這是那趟旅程中美麗的偶遇，除了貢獻一己之力協助他人帶來的愉悅，還有他鄉遇到熟客的窩心。隔了一段時間，我在台北收到這對夫婦託人送來的感謝花束，後來他們返國後也多次到欣葉用餐。對我來說，這是一段奇妙的緣分。

類似這樣發生在旅程中的偶遇非常多，多年前我到新加坡辦事，事情處理完了，我想趕隔天早一點的航班回台，於是一大早到機場等候補位，意外在樟宜機場碰到同樣等候補位的四位台灣女老師，攀談之下才知道，她們四人到印尼旅遊，玩得太盡興，不但把身上的現金花光光，也忘了確認機位，在新加坡轉機時，才知道航空公司因為客滿又沒有收到確認電話，直接取消了他們後面的航班訂位。

為了趕回台灣，四位女老師已經排了一天後補，始終等不到位子，由於隔天就要開學，如果想趕上開學日，勢必另買機票，偏偏手邊已沒有足夠現金……我聽說後，幫這四位心急如焚的女老師買了機票，讓她們如期趕上開學日。

有人問我為什麼願意主動幫助陌生人，甚至掏出錢來？我仔細回想一下，除了因為從事餐飲這個行業多年，早已養成主動對人付出熱情的習慣外，更重要的恐怕還是，這麼多年來，自己也是這樣被陌生人信任和對待的緣故。

一個蛋糕給予的幸福感

小時候的我脾氣很扭，我一直記得自己九歲那一年生日，心裡非常想要一個生日蛋糕，當時媽媽每天忙著餐廳工作，平日由阿嬤照顧我的生活起居，從小苦過來的阿嬤，自年輕時候就節省慣了，對於我想要一個生日蛋糕的要求，只當作是小孩子的無理取鬧，完全不理睬我。

阿嬤的反應讓我內心更覺委曲，脾氣也變得格外任性，那一天，當我吵鬧不休之際，阿嬤的手帕交阿蔡姨媽來拜訪阿嬤，正好目睹我使性子，問清楚緣由後，阿蔡姨媽轉頭便往外走，沒有多久她拎著一個蛋糕上門，悄悄把我叫下樓來，圓圓臉長得很福態的阿蔡姨媽，笑咪咪把蛋糕遞給我，摸摸我的頭說：「生日快樂！」

在那一刻，我內心所有的委曲和不受重視都煙消雲散了，我一直記得那一天放在餐桌上的那顆美而廉蛋糕，帶給一個孩子的快樂和滿足，以及內心那股深深感受到被愛和被重視的幸福感，這是阿蔡姨媽在我心裡種下的一顆種子，讓我在長大之後，始終記得這份餐桌上傳遞的愛，進而願意在人生路上多做些什麼，好讓這份愛的感覺能夠不斷傳遞出去。

餐飲業是我這一生唯一做過的事業，曾經，我看不上開餐廳這門生意，總覺得賣吃的湯湯水水上不了檯面，談不上事業。投入這一行很多年之後，才一點一滴改變想法，讓我轉念的，是每一天在餐廳看到的客人，每一桌客人都吃得那麼愉快，眉開眼笑，充分享受美好食物帶給他們心靈和口腹上的滿足感。

每天來欣葉用餐的客人各式各樣，情侶檔夫妻上門吃飯，我看到愛情在舉箸之間增溫。商務客人上門，只要見到餐桌上賓主盡歡，舉杯慶祝，就知道他們剛剛完成一筆好買賣。三代同堂的家庭聚宴，一桌老小笑語不斷，阿公阿嬤指著桌上菜肴，告訴孫姪輩這是他們那個年代的吃食，從一碗地瓜稀飯、一碟菜脯蛋到一方滷肉，甚至一小塊豆腐乳，食物中傳承了飲食和生活的所有記憶，對於這塊土地的愛，就這麼一代又一代在餐桌上流傳下來，寄託在每一道菜肴的香氣和滋味當中，也寄托在唇齒咀嚼之間。

用真誠款待，讓幸福延續

欣葉雖然只是一間餐廳，我們不是媽媽，但是我們端上每一道菜的心情跟媽媽是一樣的。現代人經營餐廳喜歡強調服務，總說自己的服務如何親切、如何到位，然而媽媽從事餐飲事業超過五十年，從來不說服務二字，她總是叮囑大家：「人客上門，我們一定要好好款待！」

款待與服務，說的彷彿是同一件事，心態上卻大大不同。服務由業者單方作主，所有流程安排都由餐廳主導，像一段獨白；款待是雙方互相的交流對應，是一場有來有往的對話。就像朋友到家裡作客，我們不會說要服務他們，我們總是說：「要好好地款待他們。」

在欣葉，我們拿出的正是這種款待親朋好友的熱情和誠意。我們希望把每一位上門的客人照顧好，這是一種幸福和快樂的傳遞，看到客人愉快地用餐，我們也產生很大的滿足與成就感。

欣葉用真誠款待客人，維繫與顧客之間的感情，老顧客帶下一代來用餐，一代又一代延續著這種幸福的感覺，在欣葉現在已經出現第四代客人。於是我體會到了，餐廳的目的不只是讓客人吃飽而已，如果我們提供一個好的用餐氣氛，一頓美好的餐食，可能牽成一段婚姻，可能成就一筆生意，或聯繫一家人的感情，促進友誼，解決紛爭，甚至幫忙冰釋一些誤會，讓社會更加和諧。體會到這裡，餐廳在我眼中已經不只是一門生意，一個事業，也是一種社會責任。

許多年來，欣葉致力於創造幸福有愛的金錢關係——我們老實做生意，對外不說大話，對內不畫大餅，這是我們為自己設定的內部價值。為了傳遞餐桌的幸福感，我們舉辦了十多年的幸福體驗營，針對兒童、親子或外籍人士，開設台菜及日本料理烹飪班，我們的動機很單純，就是想把我們在餐桌上感受到的力量，不只透過餐廳傳遞，也透過烹飪技巧的教授，送到每一個家庭的餐桌上。

對食客來說，餐廳是享受美食和服務的地方；對廚師而言，餐廳是把生冷食材變成美味佳肴的魔幻舞台；對外場服務生來說，餐廳是人情和機智反應的試煉所；對我，餐廳卻像一個人生道場，透過這個道場，我淬鍊出自己的人生。

第十五章 傳遞餐桌的力量

第三篇

食藝，真知味

李秀英、陳渭南、鐘雅玲。
欣葉的董事長、台菜料理總監及副董事長。
三人共事四十年，緊緊守護欣葉的美食傳承，宛如餐廳的美味守門員。
對於美食，三位守門員各有不同詮釋。
李秀英說要好吃、有幸福感、細緻；
阿南師定義美食必須好吃、有故事、口齒留香；
鐘雅玲的美食字典裡不但要好吃、有變化，還要能賺錢。
除了好吃是唯一共識，終生不變的熱情和不斷追求更好的企圖心，
才是三位守門員對美食一致的堅持與承諾。

第十六章

美食，是一生的熱情

李秀英

李秀英第一次正式下廚，只有八歲。

小女孩做了一道滷羊皮，食譜和做法都是自己想的，食材是人家不要的羊皮，她撿回家，在鍋裡爆香薑和辛香料，擱了醬油，放下羊皮，像焢豬腳一樣紅滷，經過時間和火候交換，起鍋的琥珀色羊皮透著晶瑩，光潤香腴，讓人避之唯恐不及的羊騷味全部隱去。

她端出去請人品嘗，吃過的人都豎起大姆指說讚，追問：「誰煮的？」

「我說我煮的，有些人還不相信呢！」時隔七十多年，李秀英說起這道料理處女作，記憶猶新，成就感在她臉上熠熠生光。

八歲小女孩開始下廚的那時，台灣剛剛光復，一般人的日子都不好過，家裡沒什麼吃食，李秀英和養母經常到太平市場撿人家挑剩下不要的菜葉，回家做菜飯，撿到刈菜就做刈菜飯；撿到高麗菜，那天桌上就有高麗菜飯。削下的蘿蔔皮，回家拿鹽巴醃一醃，或加蒜頭一炒，餐桌上便有了開胃菜。

那道讓人稱讚的滷羊皮，也是這麼來的。原來，李秀英的叔叔賣羊肉，宰了羊之後，羊肉拿到市場上賣掉，剩下沒有人要的羊皮堆放一旁，李秀英看到，請叔叔把那些羊皮統統給她，回家照著養母的滷肉方法料理，沒想到一試成功。

「我從小好奇，喜歡問東問西，媽媽總叫我憨囡仔。」誰知道開口能問出料理智慧，烹飪根基就這麼一句一句問了出來。「過年時看到媽媽煮白菜加進魚皮，我問為什麼要加魚皮？媽媽說，我們是窮人家，吃不起魚翅，加了魚皮能營造出近似魚翅的鮮味和口感，吃在嘴裡這就是魚翅了。」

養母是李秀英的烹飪啟蒙老師，她從小愛繞在媽媽腳邊看她燒菜，幫忙遞盤子，試味道。這道菜鹹了一點，那道淡了一些，小女孩總是熱情提供意見，耳濡目染之下培養出濃厚的料理興趣。

美食的記憶，成就跨時代台菜魂

那還是個政權正待轉換，青黃不接的年代，蒼白歲月裡，可以吃的東西不多，卻不缺少美食記憶。李秀英憶苦思甜，回想起來的全是舌尖上的美好滋味。從前人要等過年才能吃些好的，除了賽魚翅的魚皮白菜，炸菜丸也是她念念不忘的美味。

這一天，她在傳藝廚房復刻小時候吃過的炸菜丸，師傅先幫忙把南瓜、洋菇、紅甜椒、高麗菜、香菜、韭菜、蔥綠通通切成 0.3 ~ 0.5 公分的碎粒，李秀英捲起袖子，戴上手套，拌餡調味。她邊做邊交代，拌餡時一定要用手抓才能讓調味料與蔬菜粒充分混合，最後放入炸過的鹹花生米拌勻。

等待油鍋溫度熱到剛好，李秀英拿一根湯匙，備一碗清水，利用大拇指和食指之間的虎口，俐落擠出一顆乒乓球大小的菜丸，用沾了水的湯匙舀起。她試了油溫，先放下一顆丸子試炸，確認溫度無誤後，才把一顆顆捏好的菜丸子依序請下油鍋，動作有條不紊。

「小時候家裡拜拜一定會有這道炸菜丸，通常是廚房裡有什麼材料就切碎了放進來。」李秀英認為，菜丸子充滿古早人愛物惜食的智慧，煉油剩下的豬油渣是其中提香不可缺少的一味，最後放入的花生米也很重要，雜菜丸子裡有了這兩味，噴香惹味，宛如料理中的尚方寶劍。

菜丸子在攝氏一百六十度的熱油中翻滾著，不一會兒釋出香氣，看到丸子轉色成金黃，先撈出來，把火轉大，油溫加熱至攝氏一百八十度，再度放入菜丸搶酥，同時也逼去多餘油分。起鍋的炸菜丸香氣四溢，我以為要趁熱吃才好，李秀英卻說這道菜放冷了一樣美味。

小時候她黏在養母身旁看她炸菜丸，菜丸炸好之後，永遠可以搶得頭香，試吃第一顆起鍋的丸子。那一顆炸菜丸總集了鹹、甜、香、酥多種滋味，從遙遠的童蒙時期一路跟她走到現在。

古意的炸菜丸，從阿嬤的灶腳來到摩登廚房，做法不變，用料和呈現方法卻多了許多變貌。洋菇、甜椒、南瓜，讓菜丸多了健康意識，也加添美麗色彩；芫荽、九層塔、洋蔥、蔥花、韭菜、紫蘇，讓菜丸的味覺層次更形豐富。盛盤的時候，每一顆炸菜丸下面，配一只片開的炸蝦或一葉翠綠生菜，讓菜丸乘著小舟和春意上桌，貌不驚人的模樣就此華麗變身。

小小一枚炸菜丸，濃縮著李秀英想藉欣葉傳承台菜真知味的精神，兼又與時俱進的創新想法。她說：「炸菜丸很樸實，味道卻這麼美好，一道菜裡可以看出台灣人的烹飪工夫和料理智慧，對我來說，這正是台菜的魅力所在。」

料理中的非凡用心，體現台菜精髓

老外用 foodie 一字統稱對食物有熱情及專精之人，他們可以是熱衷品嘗，雅好美食的內行吃客，也可以是喜愛蒐羅食材，

傳藝廚房是欣葉的研發中心，由李秀英和阿詠師負責。

精於鑽研庖藝之人。李秀英毫無疑問是不折不扣的 foodie，對美食有不可遏止的熱情，又有究極精神，成就她對料理永無止境的追求，不斷鑽研，努力精進，最終變成一生的興趣和堅持。

我們到她的傳藝廚房看她炸菜丸那一天，她剛剛完成一批草仔粿，又開始動手做起豆腐。隔一陣子，她還想做碗粿，不是外頭賣的，有滷蛋、金勾蝦、香菇，外加一片滷肉那款料多豐美的碗粿，而是簡簡單單純米磨成漿，只加菜脯和蝦米，最原始單純的古早滋味。

李秀英曾在台南吃到過這樣原味呈現的碗粿，米漿中只加少許鹽巴和蝦米，連菜脯都沒有，蒸炊出來的碗粿粉白彈嫩，幼細蝦米微微添上一抹淡粉，這樣一碗再陽春不過的碗粿，卻讓她念念不忘至今，為什麼呢？以下是李秀英的解釋：「一般人都以料豐為美，店家投其所好，拚命加料，其實用料跟調味一樣，恰到好處很重要，現在的碗粿用料太多，有了香菇，加了金勾蝦，又有滷肉滷蛋，上桌前還淋一杓肉汁，這樣把米香都蓋掉了，只吃得到材料的味道，嘗不出純米的淡淡香氣，我覺得很可惜！」

這個道理跟明代作家洪應明在《菜根譚》一書裡說的如出一轍，他說：「醲肥辛甘非真味，真味只是淡；神奇卓異非至人，至人只是常。」烹飪的道理通做人，濃腴香辣這一類風格明顯的菜式，容易在味蕾上搶得先機，擄人脾胃；平淡真醇的原味，反而隱沒在厚滋重味中，被忽略了。這跟人在市聲喧囂的都市街道，聽不見輕揚優雅的樂音是一樣的道理。但千萬不要錯看這個「淡」字，它絕非薄寡無味，反而是要讓真味盡顯，說穿了，這也是台菜的精髓。

李秀英指出，台菜講真知味，不是放淡一切調味，而是下手要輕重得宜，該重的不能輕薄，該輕的不能厚重，務求個個到位。她說：「每一道菜都有不一樣的滋味呈現，酸、甜、鹹、辣、甘、苦、澀，該有的味道一定要有，不能馬虎隨便。」事實上，要追求真味，烹飪調味越需用心斟酌，選料更要嚴格仔細，因為素面朝天，好壞優劣高下立現，瑕疵無從躲藏，手拙難以翻身，看似簡約素樸，淡中實則蘊藏著極致的用心和長久淬鍊的功夫火候。

食材用料的堅持，成就台菜真知味

為了落實台菜真知味精神，李秀英開店之初就特別重視選料，不只做大菜的參鮑燕翅講究，而是遍及餐廳裡的每一項食材。以欣葉的招牌菜菜脯蛋為例，為求菜脯口感，欣葉採契作方式與嘉義蘿蔔農合作，請他們固定供貨，選來做菜脯的蘿蔔，只選最嫩無渣的那段來曬製，經過陽光催化的菜脯，水分完全釋出，添上一身陳香。菜脯下鍋前先泡水還魂，一方面洗去沙粒，同時減去過多鹽份，鹹味的留存要恰到好處，太鹹奪味，太淡則無滋味。

蛋的挑選也很重要，一定要是沒有進過冰箱的新鮮雞蛋。下鍋前菜脯剁碎輕壓擠去水分，起油鍋先將蔥末和菜脯米炒香，然後打蛋，放入炒香的菜脯米。打蛋的手勢也有學問，只打蛋液上層，讓菜脯米沉入碗底，不過分攪拌，這樣煎出來的蛋才會膨軟鬆香。蛋液下鍋後，用長筷先整理成圓形，倒出多餘油分，旋轉炒鍋後再翻面，速度和時機是掌控關鍵。在欣葉，師傅想把這道菜練到爐火純青，往往需要煎上百盤菜脯蛋，才熟能生巧。

從平凡料理看見非凡用心。一道再尋常不過的菜脯蛋，欣葉一年能賣出八萬盤佳績，還能在一百天之內義賣湊出新台幣五百二十萬元，捐作日本三一一地震的賑災善款，說明平淡無奇的家常菜，也可以因為用心而閃亮。

美食之必要：胃口與好奇心

身為一位美食鑽研者，李秀英擁有兩個得天獨厚的條件：一是她的胃口好，二是凡事好奇。胃口好，讓她吃多識廣；好奇，讓她什麼都願意試試，看到不懂就問，問到明白為止。在欣葉，她是當仁不讓的美食評鑑，每一道新菜問市之前，李秀英都親自品嘗過，吃到滿意了，再跟師傅及外場經理討論這道菜的優缺點，想辦法精益求精。

她經常掛在嘴邊的一句話是：「欣葉的菜不能只是好吃，而是要很好吃！」

她把這個目標當成掛在馬前的胡蘿蔔，鞭策自己也策勵餐廳所有員工全力朝此前進。為了致力追求很好吃的境界，多年來她把料理當學問研究，去到國外聽說哪裡有好吃的店，必定親自造訪。有一年她跟朋友去大陸遊玩，四天裡竟品嘗了兩百多道菜。

從小看著媽媽拚事業的李鴻鈞，用「玩味」二字形容母親對烹飪和美食的熱情：「她

對於美食，李秀英有究極精神，她愛吃，自己也做得一手好菜。

幾乎像小孩玩玩具一樣，樂此不疲地研究各種菜肴的做法和味道變化。」他回憶有一次李秀英去美國舊金山旅行，迷上當地一家餐廳的洋蔥湯，回家之後，立刻動手試做，一再修改，務求準確復刻記憶中的味道，讓全家人一起陪著連喝一星期的洋蔥湯。

李鴻鈞說：「她對味道的追求，可以說盡善盡美。」

還有一次，一位朋友去日本吃到一道美食，回來後聊天時形容給李秀英聽，她很仔細傾聽朋友的描述，提出不少問題，回家之後就上市場買回材料，埋首廚房悶著頭做了起來，前前後後試做一星期，下次和朋友再碰面，她端出那道菜，輕輕詢問：「快嘗嘗是不是這個味道？」準確度竟達九成以上，連朋友都大吃一驚。

李秀英愛烹飪，對於美食她最在意的是回歸食材本質，找到真滋味。兒子李鴻鈞私下歸納母親做菜有三大理念：一要食材好，二要口味自然，三則是不要浪費。她經常提醒餐廳師傅的一句話是：「你們要把媽媽做菜給家人吃的那種想法和心情放在料理上，客人自然吃得到我們的用心。」

基於對食材的尊重，李秀英料理時絕不浪費，對於如何保存和整理食材自有一套心得，她愛上市場，看到正值大出又好又便宜的食材，經常忍不住出手全包，帶到傳藝廚房做起各式各樣的「食驗」。有一年市場上的薑大出，她包下整批待售的老薑，除了用來煮薑母鴨、泡薑茶，還和師傅們一起研究如何把薑加到鳳梨酥當中，做出金薑鳳梨酥。看到榨完薑汁剩下許多渣，丟掉可惜，她又想辦法把薑渣對上薑汁加黑糖或冰糖，做成薑糖、薑汁軟糖，甚至熬成果醬。

李秀英的生父早年賣過杏仁茶，愛畫畫的她，曾用鉛筆手繪過一幅父親挑扁擔叫賣杏仁茶的素描。開設欣葉之後，她把記憶中這碗甜甜香香的杏仁茶拉到菜單上來賣，延續對父親的思念。為了傳承父親的好手藝，四十年來欣葉的杏仁茶和杏仁豆腐，始終遵循古法，用新鮮杏仁片和花生對清水打成漿，不加杏仁精也不用杏仁粉，更不使用吉利丁來固形，稠厚甜香的杏仁茶和軟滑圓潤的杏仁豆腐，成為客人最愛的餐後甜品。由於現做，店裡每天都會留下可觀的杏仁渣，看到整批杏仁渣被丟進廚餘桶，李秀英覺得浪費不捨，就把杏仁渣要來做實驗，烘焙成杏仁蛋糕。在她的心裡，食物是大地餽贈的禮物，一分一毫都要珍惜。

真心款待，快飲樂食

俗話說做一行怨一行，李秀英的人生字典裡沒有這句話，從事餐飲業近半世紀，她始終愛在餐飲，更以欣葉為榮。直到今天，只要不出國，沒有重要約會，每天中午必到欣葉本店用餐，平日要招待客人，也一律往欣葉帶，不僅僅是內舉不避親，實在是她對欣葉信心滿滿。

由於經常在自家餐廳用餐，她對店裡的一切瞭若指掌。跟著李秀英一路打拚事業的副董鐘雅玲從小處觀察發現，董事長是很細膩的人，客人落座，她提醒服務生別急著送菜單催促點菜，不妨先為客人遞上熱毛巾，奉上熱茶，讓客人擦擦臉、拭拭手、潤潤喉，舒緩心情後，再把菜單送到客人手上。點菜時，她要求服務人員別太一板一眼過於公式化，不妨話話家常，充分了解客人的口味和喜好。這位董事長經常掛在口頭的一句話是：「只要我們用真心款待客人，客人的心自然會被這種誠意打動。」

除了美好的食物和窩心的款待，李秀英對於餐桌上的種種細節也很重視，大自出菜的順序、菜肴的配色美感、口感呈現，小至杯、碗、湯匙邊緣接觸口唇的感覺，都會影響客人用餐時的體驗。過去，她不但親自挑選餐廳使用的水杯，每一批新餐具啟用前，也會試用一下順不順手，合不合口？她認為

李秀英（左）的美食啟蒙，就是活到老學到老的欣葉阿嬤（中）。

美食的定義不只在食物上，還應該包括周邊的氛圍和整體用餐感受。

快飲樂食，吃是這麼快慰人心的一件事，李秀英不只藉美食鍛鍊自己的舌頭，也經常鼓勵員工多吃些美好食物，每一年欣葉固定安排員工出國旅遊觀摩，不只吃好，也住好，因為她相信：「唯有自己體驗過，才能領會這種飲食和服務的美好境界」。她希望欣葉員工把這些在外的美好感受記在心底，有朝一日返回工作崗位時，才知道如何回饋給客人。

說到底，顧客的福祉原來才是李秀英一心懸念之事。

第十七章

廚神上身，有「心」就能成就

阿南師

欣葉慧鉅中心啟用，我和阿南師相約在新辦公室碰面，請他為我說菜。安靜的會議室裡，不見刀鏟鍋鑊，透亮玻璃窗外，基隆河靜靜流淌，青翠河堤邊的綠地上有人在緩緩漫步。阿南師難得沒有穿上廚師服，一身便裝現身，摘掉廚師的高帽子，從大家熟悉的神氣廚房領導，變回一個親切又有一點點靦腆的熟齡歐吉桑。

阿南師從小在五股觀音山一帶長大，上個世紀五〇年代，國校畢業之後，他未再升學，為培養一技之長，來到延平北路「黑美人」、「東雲閣」學習酒家菜，而後又到北投學習商務宴會、家庭聚會料理及清粥小菜等中式料理，從「囡仔工」（閩南語學徒之意）做起，洗碗、洗菜、木炭升火、整理食材，一路做到助理廚師，再去「站砧」磨刀工，「站鼎」練火候，三年後正式出師。那幾年他在北投好幾家餐廳輪流工作過，吸收各路精華，從一品菜、筵席菜到酒家菜都涉獵。二十五歲那年，欣葉開幕前兩天，他以一手炒菜功力和細心贏得李秀英的讚賞，加入欣葉團隊，一直工作至今，是台灣難得資歷完整，經驗又豐富的台菜老師傅。

陳渭南是他的本名，但大家都習慣喚他阿南師。浸淫廚藝半世紀，阿南師一開口說起菜來便有如廚神上身，毋需執鏟翻鍋，沒有油煙飛繞，有故事又有學問的菜肴，源源不斷從口中傾洩而出。

好廚師最重要守則：認識食材

阿南師說，台菜源自福建菜，由於台灣特殊的文化及歷史背景，台菜自日本和中國各省菜系吸收多方所長，逐漸蛻變成為獨樹一格的風味料理。原汁原味是它的精髓，因此如何適材適性展現食材本味，考驗著料理人的智慧和經驗，在這種背景要求下，食材品質顯得格外重要。部分老菜甚至因為找不到好食材，不得不退隱江湖，炸八塊雞就是最好例子。

來到廚房的阿南師有如廚神上身。

找不到雞肉做八塊雞，這種說法難以讓人信服，吃雞有什麼難？尤其養殖技術日新月異的今天，雞肉早從逢年過節才能嘗鮮的養身益品，變成大家都吃得起的普羅食材。一般自助餐、便當店、西式炸雞店用的洋雞，在雞場養三到四週就可以問市。比較講究一點的餐廳使用仿土雞，養成時間從十週到十二週不等，肉質柔韌，因為飼養時間較久，吃來沒有飼料味，滋味也比肉雞甘甜許多。

這兩種雞肉都已經是普世價值，阿南師卻堅持：「它們可以做出許多雞肉料理，偏偏不適合做八塊雞。」理由是：「目前市場上的雞養得大，重約四千公克。這樣的雞，胸肉厚實，用來做台式鹽酥雞或脆皮雞效果好，卻完全不適合做炸八塊雞。」

八塊雞是著名酒家菜，從前人上酒家，叫一道香酥可口的八塊雞，既可佐餐又可下酒，這道菜的美味關鍵在慎選雞肉上。阿南師指出，只有個頭較小，重約兩公斤左右的母嫩雞（專指未生過蛋的母雞），最適合炸八塊雞。這種自然野放長大的古早小土雞，不餵飼料，主要吃粗糠以及自行覓食啄蟲長大，養足十八個月才能長到兩千公克（切完淨重一千五百公克），這時候雞肉已臻熟美，香氣和甜度都達到最高峰。母嫩雞體積小，肉質細嫩，是宴席菜的首選，公雞個頭較大，拜拜時體面好看，若要論肉質，公雞肉偏柴，怎樣都比不上「幼絲」的母嫩雞討巧。

廚師買到熟美的母嫩雞，用百草粉、正油桂和調味料醃製入味，阿南師提點：「香料中使用的正油桂是關鍵，這種生長期較長的肉桂樹皮，精油含量高，醃肉效果特別好。」

但正油桂價高，比一般肉桂高出數倍價格，是追求美味必須付出的代價。雞肉醃入味後大斬八塊下鍋油炸，盛盤後上桌，趁熱咬下，雞肉外皮酥脆，肉質嫩美有味，一桌人食畢八塊雞，個個意猶未盡。

後來這種古早雞逐漸消失在現代化的大量養殖過程中，母嫩雞越來越難尋，美味難以複製，只好悵然停賣，改賣鹽酥雞或脆皮雞，肉質厚實的仿土雞做起這兩道菜特別對味。這時候阿南師又把話說回來了，他指出，適合做八塊雞的母嫩雞就不適合做脆皮雞。製做脆皮雞，全雞要先放在麥芽糖、白醋、鹽巴加水煮滾的湯汁中川燙，再以風扇吹乾，而後才下鍋油炸，母嫩雞那一身細皮嫩肉，禁不起這番整治，炸出來的脆皮不美，肉質也嫌瘦，口感反而不如仿土雞。

這個例子說明食材與烹飪之間的微妙關係，所以阿南師一再強調認識食材很重要，只有充分了解它們的特性和優缺點，才能因材施以最恰當的料理方式，進而將食物的美味發揮到極致。豬肉的料理應用也是一樣道理。

豬肉是台菜料理不可少的主食材，早年餐廳用的是黑豬，現在有黑豬和白毛豬之分，豬肉也規格化了，供應到餐廳的豬隻多在一百二十公斤至一百五十公斤之間，肉商按客戶需求，早早分切好各種不同部位，讓下廚變得更方便。

阿南師表示，早年在餐廳，豬的瘦肉貴，五花肉便宜，酒家菜的菜單上較少使用五花肉，用得最多反而是蹄膀，拿來紅燒或做封肉等大菜。但在欣葉，這幾年他發現反倒是肥瘦相間的五花肉受到客人歡迎，尤其上了年紀的食客，特別偏好油潤豐美的五花肉，吃在口中Q嫩不柴，端上桌微微顫抖的肉皮比瘦肉更誘人，軟滑又甘潤，不塞牙縫。

欣葉的焢肉（滷肉）素富盛名，因為廚房對豬肉的品質規格很要求，肥瘦分布比例必須恰到好處，一般一百二十到一百五十公斤的肉豬最適合，五花肉過肥或過瘦都要再經一道修除手續，直到完美比例出現，這是確保滷肉吃來豐潤醇美不油膩的關鍵。

餐廳裡的每一塊滷肉都是統一規格：重約一百五十公克，切成大小約6×3.5公分見方的肉塊。堅持這個規格和大小，是多次反覆試驗的結果，阿南師指出，肉塊切小了，滷肉的口感、潤澤度、香氣和滋味就會有落差，儘管多年來偶有客人反應欣葉的滷肉太大塊，但阿南師堅持，這是為追求美味不得不的擇善固執。

切好的五花肉先走油，炸過再滷煮，滷約四十分鐘就可以熄火，讓肉塊浸泡在滷汁中後熟，直至涼透後分裝，移入冰箱冷藏。隔天按用量取出，以中火煮滾後，轉小火燉十五分鐘，直到香氣透出。這種今天滷明天用的兩段式燉肉法，燉出來的滷肉外形完整，瘦肉不柴，油皮豐潤不膩，滷汁與五花肉充分滲浸交融，渾然一體。趁熱上桌，服務生在客人面前用剪刀剪開滷肉，肉香乘著熱氣撲鼻而來，誘人脾胃大開。

學無止境的料理之路

阿南師曾任欣葉行政總主廚三十餘年，退休後回聘為欣葉國際餐飲料理顧問兼海外台菜料理總監。他的重責大任之一，是把自己寶貴的台菜料理經驗傳承下去。

他說，在欣葉老菜該有的味道不會變更，但食材和呈現方式卻日新月異，廚師們必須不斷尋找新食材，開發新菜色，才能迎合現代人喜新求變的消費習慣，唯有抓住消費者的喜好，餐廳才能在市場上站穩腳步。致力於營造美味世界是欣葉自許的料理期望，為了達到這個目標，廚師的培訓和經驗傳承顯得格外重要，因為只有在保留住經典滋味和厚植烹飪基礎這兩個前提下，創新才有意義。

廚房裡的分工流程，現時和過去已大不相同。早年的廚房是學徒制，師傅引進門，學徒從頭到尾跟著學。阿南師回憶，過去欣葉廚房求才，應徵進來的師傅前三天按例不上爐台，也不站砧，而是跟著主廚把廚房裡的所有流程都看一遍，從進貨備料到配菜，再到砧板切菜，而後轉到爐檯邊看炒菜，最後再前往出菜口驗菜，作業流程都熟悉之後，才開始派任工作。

現代廚房分工細，菜單上菜色多，食材也多元，廚房徵人時，通常是那個部門缺人手就找那方面的專才，廚師養成方法已然不同。但阿南師認為無論那個世代，從事廚藝工作，有心最重要！他說：「只要人有心，自然就會用心。」烹技可以靠磨練，心態卻勉強不來，廚藝的精進必須靠一己努力自發而來。對於有志廚藝工作的人，阿南師建議，對吃一定要有講究的精神，不能只滿足於吃飽就好。「如果你只滿足於吃便當，那麼你永遠不會進步。」這是他對年輕廚藝工作者的忠告。

「只滿足於填飽肚子的便當，你只能停留在做工階段。但真正的烹飪不是做工，而是一種吃的藝術。什麼季節該選什麼樣的食材？什麼食材該用那一種刀工？該品嘗到那一種口感？會有那一種滋味？要施以何種烹飪手法？凡此種種，都是一個擅廚者應該要有的基本常識和廚藝。」他口中的講究不代表要吃多麼珍稀昂貴的食材，而是要有把食材發揮到極致的企圖心，不論一枚貴森森的乾鮑還是一顆銅板價的高麗菜，「好廚師都要能煮出它們的真滋味來。」

好廚師要先練就絕佳味覺

日本壽司之神小野二郎曾經剖析做出頂級美味的祕訣：「為了做出美味的食物，你必須吃美味的食物，必須鍛鍊出能分辨好壞的舌頭，沒有好的味覺，做不出好的食物。假如你的味覺比顧客差，你要如何打動他們？」

在阿南師口中，欣葉董事長早有這種共識。他回憶早年李秀英固定會帶主廚和外場主管到香港試菜，吃的都是一時之選的好餐廳，一方面藉此增長見聞，另方面則為了培養內外場工作人員的味覺敏銳度。三十多年來，這種固定的觀摩參訪從未停止過，只是近年來觀摩地點逐漸從香港移師日本，人數也隨著公司體制擴編逐年增加。

過去欣葉各營運單位的主管會帶著員工，到東京進行考察，五天的行程裡會去看市場，認識新食材，也會預訂知名餐廳前往用餐，享受業者提供的美好食物、優雅氣氛、細膩服務和用餐禮節。阿南師說，吃得最多的是中華料理，有時候也會去吃日本料理或西餐，「董事長希望透過這樣的親身體驗，讓大家感受到極致美味和服務的魅力。」**養成了美食好品味，接下來就是持之以恆的廚藝磨練。**

目前欣葉的廚師培訓主要是加強在職訓練，固定每一季會有一趟產地之旅，組長以上的外場員工和一級廚師們，組團來到產地認識食材。這樣的學習很扎實，不同於逛市場的走馬看花，而是真真實實來到食材原鄉，踏在泥土地上跟著農民學習相關知識，大家接了一身地氣回來，日後無論下廚，還是想把食材推介給客人，都更胸有成竹。

為了研發季節新菜，每一季營業部會召集相關工作人員，齊聚創始店上課，請來行家介紹當令好食材。阿南師說，料理是一條學無止境的道路，路上可以學、要學、必須學的東西實在太多了。為了拓展後場工作人員的眼界，公司還會聘請有經驗的廚藝顧問來做教學，多年來烹飪大師傅培梅、亞都飯店天香樓前主廚曾秀保師傅、香港料理名師方曉嵐、日本資深老師傅今泉勇一老師、大田忠道老師、脇屋友詞老師、渡邊會長、土井基老師，都擔任過欣葉的廚藝顧問或廚藝指導。

除了外來的廚藝加持，為加強各餐廳廚師間的交流，欣葉還固定舉辦廚藝競賽，這個行之有年的烹飪比賽，是李秀英號召發起的。早年後場工作忙碌，廚師從早忙到消夜，一日已盡，交流和充電的機會不多。為了讓師傅們有更多切磋機會，欣葉開幕幾年後，李秀英就召集餐廳廚師聚在一起舉辦廚藝競賽，不但設立名次，也有獎品鼓勵。廚藝賽一年辦一次，名為比賽，實為交流，但每一年的賽事都非常熱鬧，不但全員參與，還有啦啦隊助陣，連阿嬤也加入打氣隊伍。

誰都沒有想到這樣的內部競賽，可以一辦三十多年，現在已經成為欣葉的年度特色活動。像去年的開欣盃廚藝競賽訂在四月二十六日舉辦，共有六十位選手參與，每家店推派五位選手，阿南師說這幾年的廚藝競賽幾乎都是老少配，有經驗的中生代師傅帶領年輕一輩的廚師應戰，在擬定菜色和演練手藝的過程中，默契一點一滴培養出來，經驗也慢慢傳承到了年輕世代身上。

認真堅持，好廚師養成之必要

二月下旬，欣葉創始店舉辦了一場春季料理研討會，阿南師為大家上了一堂筍之課。他說，台灣一年四季都有筍可食，很多人愛吃筍，對於筍的認識卻不多，這一點連許多年輕師傅也不例外。

他舉了當令的冬筍做例子。

阿南師說：「一般我們吃的冬筍是指孟宗竹新出的嫩筍，但孟宗竹會出冬筍，也會出春筍，取決條件是時間：立春前長的是冬筍，立春後出的就是春筍。」冬筍由於成長期天氣寒冷，筍體長得慢，個頭小，筍身扎實，滋味凝煉，筍味特別豐厚，香氣足，因而贏得「金衣白玉，蔬中一絕」的美譽。春筍長得較快，風味不及冬筍，但口感脆甜，汁多，兩種筍的口感各有擁護者。

一般人以為筍是由竹子的地下莖長出來的，阿南師說這是似是而非的印象。筍子會因為季節不同從根部、地下莖長出。像孟宗竹在第一年立春後從新竹子根部長出的稱為春筍，第二、三年冬天從老竹子的竹肉（閩南語）長出來的稱為冬筍。孟宗竹成長的第一年，竹節和竹節之間會長出白色的毛，這種一年生的孟宗竹，長出來的冬筍太小，只出春筍。要到第二、三年生的孟宗竹，才會長出冬筍。孟宗竹的冬筍，只有十分之一可以順利長大，站在物以稀為貴的立場，冬筍量少味美，價昂其來有自。

關於如何挑筍，阿南師的肚子裡也有一本經：「筍殼要色黃亮澤，殼衣少，手捏厚實的筍，表示肉滿質優。從外形觀察，筍體要彎曲，頭尖，底部稍大，長度最好在十五至十七公分之間，超過十七公分，筍體又彎曲的，買回來損耗率高，可用率僅一半。如果在十七公分之內，又值產季，損耗率約三成，就算購買時較貴，考量它可以食用的比率，算盤珠子撥一撥還是划算。」

阿南師的筍經一簍筐，跟他從小長在綠竹筍產地觀音山很有關係，因此他對筍的認識特別透徹，包括煮筍的時間，切筍的刀法，都有自己的堅持。多年來欣葉出涼筍，廚房按慣例將帶殼綠竹筍放在水裡煮五十分鐘，泡涼後去殼切滾刀塊，這種料理方法沒有不對，但阿南師總覺得還不足以讓筍的美味盡出，多年來他屢屢爭取改變煮筍的方法，總無法贏得大家的共識。

終於在去年春天，趁著綠竹筍大出，他買來好筍，用自己的方法親自料理給大家品嘗。方法如下：涼筍改煮為蒸，一隻二百到二百五十公克的筍，帶殼蒸二十分鐘後，取出丟入冰水中泡五分鐘，再切成寬三公分，長五公分，厚一點三公分的長方塊。這樣料理出來的涼筍，甜脆賽水梨，帶殼蒸的方式留住筍殼香氣，悉數逼回筍肉中，果然比水煮更勝一疇。

阿南師說著這個涼筍的故事時，感覺他彷彿上戰場打了一場攻防戰，最後是舌尖上的美味收服大家，同意修正做法。我們相約採訪前不久，他才又重新調整欣葉的佛跳牆食譜，把做法和工序稍做更動，調味料也略做修正，不過小小調整，阿南師說：「湯頭變得更清澈，滋味卻更甘醇。」這些改變都不是他說了就算，而是要做出來讓公司內部主管品嘗認可之後，才能拍板定案。莊子曾說：「吾生也有涯，而知也無涯。」阿南師口中的料理之路，大抵就是這種況味。

光陰漫步，流年暗中偷換，時間改變了一切，也悄悄改變了美食的面貌，但我們總希望這世上有些東西能留駐不會變。在阿南師身上，我看到一個料理人的堅持、熱情和認真，四十年前與四十年後，相差無幾，那正是養成一個好廚師的必要條件。

好的台菜廚師要能把每一項食材的味道發揮到極致，尋常的竹筍也能擁有讓人驚艷的滋味和面貌。

第十八章

在細微之處，看見心意

鍾雅玲

鍾雅玲很早就進入職場，從事餐飲服務工作。她是欣葉的元老之一，一路跟著董事長李秀英打拚事業，從外場一路做到副董事長，在台灣餐飲界算得上一頁傳奇，寫成勵志故事絕對能振奮人心。

或許從事服務業太久的緣故，她身上留下許多關於外場服務人員的線索，供人玩味探索。諸如：總是一絲不苟的俐落短髮，熨燙畢挺潔白的襯衫，合身背心，及膝窄裙，臉上掛著一副紅框眼鏡，讓她看來精神奕奕，永遠有好氣色。另外我留意到她的左手袖口插著一枝筆，這枝筆讓人聯想到武俠小說裡利刃不離身的高手。

我好奇問了一下那枝筆，鍾雅玲馬上說：「我天天不離身的，任何時候想記下什麼，隨手就有筆可以用，我不只把筆夾在袖子上，皮包裡也帶著，碰到有人需要，馬上可以遞上去。」她拉開皮包讓我看，裡頭除了筆，還有開瓶器，這是數十年工作培養的習慣，她把外場工作需要用到的「傢私」揣在身上，隨時需要，都可以像魔術師變出小白兔一樣，信手拈來。

鐘雅玲二十六歲進入欣葉，在這之前她已經在一間老字號餐廳工作多年，從基層服務員一路做到主管。欣葉董事長李秀英早年曾跟她共事過，側面觀察這位工作起來賣力又拚命的年輕女孩，非常欣賞她認真負責又當言敢言的個性。因此在創辦欣葉之初，便力邀她參與，共同打拚。後來證明李秀英的確沒有看走眼，鐘雅玲打點內外，八面玲瓏又體貼入微，一路陪著欣葉成長，自己也一步步高升，直到穩坐副董位置。

從事餐飲業近半世紀，鐘雅玲強調敬業精神最重要。尤其外場服務人員，不論身體再不舒服，心情再不好，只要站上工作崗位，就必須看來精神抖擻。鐘雅玲說：「把儀容整理好，帶著笑容迎向客人，是我們的基本態度和服務精神。」

她自己就是身體力行的人，除了數十年不變的穿衣風格，平日裡她不穿高跟鞋，不噴香水，一年到頭，腳上都是一雙輕便耐走的平底鞋，更驚人的意志是四十年來始終如一的體重。看過欣葉舊照片的人就能發現她嚴格管控的效果，數十年來鐘雅玲的外貌幾乎沒有太大改變，外場工作極耗體力，每天樓上樓下四處跑，裡裡外外勤走動，一日下來等同走了好幾公里路。但繁忙工作之餘，她還是天天快走，閒暇日子就去爬山，讓她即使年過六十，依然保有年輕時的好體力，膚色光潤，肌肉緊緻。

女人愛美，天經地義。但鐘雅玲認為，從事服務業的人關注外表，不僅僅基於愛美之心，更是一種對工作的尊重。「我們每天站在第一線，接觸各式各樣的客人，人家上門來吃飯，我們絕對不能讓他看著不舒服，長得漂不漂亮、帥不帥不是關鍵，關鍵是你的態度夠不夠親切？心夠不夠細？有沒有真正為客人著想。」

當然儀容還是重要的。鐘雅玲應徵員工時，會觀察應徵者的應對談吐和打扮，一定會請他（她）站起來走兩步，她說：「走路時的儀態很重要，不能垂頭喪氣，也不能懶懶散散拖著腳步走路。」有的應徵者為示慎重刻意裝扮，鐘雅玲指出這些都不是重點：「身上穿的衣料高不高級，樣式流不流行都不重要，重要的是看起來一定要清爽整潔。如果額前老垂著一綹頭髮，不但看起來不清爽，客人舉手招呼你的時候，視線也會被頭髮擋住看不見。因此我要求外場同仁，工作時一定要把頭髮梳整齊，瀏海夾好，長髮束成髻或綁成馬尾，露出一張潔淨素雅的臉蛋。」

除了視覺上的要求，嗅覺也很重要。餐廳是用餐地方，服務人員如果體味過重，或經常抽煙、喝酒、吃檳榔，讓口氣不佳，就會阻礙客人享受食物的香氣，鐘雅玲非常注意這一點，為了維持好口氣，她養成飯後一定刷牙漱口的習慣，一天起碼三次以上。她再一次強調：「服務人員的衛生習慣很重要。」

她伸出一雙手，指甲果然修剪得整整齊齊，貼著指緣呈現出一個彎彎的新月弧度，像一抹淺淺微笑。指甲上沒有塗蔻丹，連護甲油也沒有，乾淨、清爽、俐落，一如她給人的印象。

從事外場工作近半世紀，鐘雅玲樂在工作，也讓自己始終維持在最佳狀態。

經驗加用心，養成火眼金睛

她的敬業也表現在數十年如一日的出勤上。

鐘雅玲堪稱欣葉模範生，平日很少請假，每天起碼工作十小時以上，這些年她負責欣葉台菜的營運，經常巡迴於各分店之間，其中待的時間最長，投注最多情感的地方，是她一路陪著成長的欣葉創始店。如果當天公司沒有會議要開，沒有需要簽署的文件，她一定待在創始店，人手不足的時候，甚至可以看見她在店裡幫忙收盤子，招呼客人，協助點菜。

有人以打仗形容餐廳裡的作業，前場服務人員猶如哨兵，他們站在第一線面對顧客，深入了解每位客人的口味喜好，是情報收集者，精準掌握市場流行風向；廚房則如補給營隊，沒有廚師埋首後場辛勤付出，滿足不了客人挑剔的味蕾，戰事便無以為繼。在鐘雅玲的口中，外場人員更像一座橋，架在廚師、顧客和老闆之間，是溝通者、協調者，也是業務代表，要把採購進的貨和廚師做的菜，有效推銷出去，讓客人滿意，老闆開心，師傅有成就感。

因為要扮演好推銷員角色，外場人員必須熟稔菜單上每道菜的特色和口味，對於食材的背景知識也要有所涉獵。鐘雅玲說：「如果你什麼都不懂，請問要如何說服客人聽從你的建議？」欣葉定期會舉辦試菜會，請師傅先將當季要出的新菜做出來，邀大家同桌品嘗討論，這是讓員工熟悉餐廳菜色的最好方法，但早年服務生可沒有這麼好的學習機會。

鐘雅玲回憶，自己剛開始從事這一行，根本沒有試菜這檔事，凡事都要靠自己摸索學習。「有時候客人詢問菜單上某一道菜的做法或味道，如果自己沒有吃過，很可能根本答不出來。」認真又好強的她，為了搞清楚每道菜的滋味，每次看到客人買單離去，收盤子的時候，如果盤裡還有剩菜，她就會把菜先留下來，趁空班時品嘗，牢牢記住那個味蕾印象，一點一滴建立起自己的美食資料庫。

現在少有客人能考倒她，反倒是她見多吃廣之後，「有時候瞄一眼就可以看出師傅今天出的菜，刀工合不合格？火候有沒有到位？」鐘雅玲形容自己這雙火眼金睛的養成，「全靠經驗和用心換來。」這些年，她固定帶內外場主管考察市場，只要聽說開了那些口碑不錯的新餐廳或新飯店，大家就分批前往試菜，除了參考菜色，也看擺盤以及餐廳陳設。現場吃到那些菜色不錯，結帳的時候，她會另外打包一份帶回餐廳，大家再一起拆解分析菜肴裡的調味料和配料，討論適不適合納入欣葉的菜單中，決定之後，鐘雅玲會請師傅按記憶把菜再做一遍，試吃後再檢討應該做那些修正？用料及調味有沒有再改善的空間？師傅回去後修正，然後大家再試，試到滿意為止。

鐘雅玲說，欣葉推出的每一道新菜，幾乎都經過如此一而再、再而三的錘鍊。站在做生意的立場，推陳出新是餐廳抓住客人的重要手段，因為消費者的口味偏好會改變，進而帶動餐飲流風，加上食材的風味也會隨氣候、風土和環境更迭而變化，與時俱進才是不變的真理。但台菜無論怎麼變，有幾個特色很明顯，那就是：「一鮮，二清，三快炒」，只要秉持這些特色，加上掌廚者對在地當令食材的了解，要烹出真誠感人的味道不是難事。

相對於推新菜，鐘雅玲說，她更關注同一樣食材，師傅能不能變化出多樣做法，她舉了綠竹筍做例子。每年五月母親節前後問市的綠竹筍，滋鮮味甜，盛產期就短短兩個月，除了做成沙拉筍佐美乃滋，還能變化出那些吃法？鐘雅玲隨口就說了好幾項：煮、燜、炒、燙、煮粥、燉湯，配上雞、豬、火腿、老鴨、鹹菜、時蔬，一味當令筍，可以清麗，可以豐厚，千滋百味列在時令菜單上，足以讓老饕一再走進餐廳尋味。

類似這樣開發食材的多樣吃法，不單單是廚師的職責，鐘雅玲認為，也是一個稱職的點菜人員應該具備的能力。她指出，負責點菜的外場人員，如果只懂得讓客人照著菜單點菜，談不上專業，充其量只是照本宣科而已。專業的點菜員不但懂得搭配，也會根據客人的預算及用餐目的，提供最洽當的建議。搭配出來的菜肴，小聚怡情，大宴體面，賓主盡歡之餘，荷包還不至於出超，「這才是一個稱職外場經理該有的態度與專業。」

真情相待，擄獲人心

鐘雅玲是欣葉最資深的員工，從事服務業近半世紀的她，深諳如何抓住客人的心。她說：「**你想贏得別人的好感，要先練習對人微笑；你想抓住客人的心，除了抓住他的胃，還要真心為他著想，幫他看管好荷包。**」她舉了以下幾個例子。「我幫客人開菜單的時候，通常先觀察他們當天的用餐目的，如果是親朋好友家庭聚餐，會推薦一些平常家裡廚房不太會做的功夫菜，並且半開玩笑告訴客人：『這幾樣菜你們在家大概不容易吃到，謝謝大家給我們機會，讓我們做給你吃。』客人一聽馬上眉開眼笑。」

點菜時發現客人點的菜已經夠了，客人還想再點，她一定提醒一句：「我看夠了喔，先這樣吧！不夠再點，好不好？」如果看到同桌用餐者中有年齡較大的長輩，她開菜單時就會推薦幾道健康取向的菜肴，或是軟爛易嚼的食物。若是商業酬酢或主人要宴請重要客人，則一定要記得排幾道精緻體面的菜肴，穿插在宴席菜單上。

除了依目的、主題設計菜色內容，上菜順序也要多方考量，有技巧地讓不同做法、口味的菜品，穿插輪流上桌，增加味蕾上的新鮮感，避免用餐者因味道過於雷同而厭膩；上菜順序遵照由淡入濃、從輕到重的原則。鐘雅玲說：「開菜單很有學問，往往關係著整桌菜好不好吃，你把重頭戲都放在一起上桌，客人的肚子一下子就填飽，再美味的菜肴吃來也沒有那麼驚豔了。」

點菜的時候，萬一看到客人點的菜以時價計費，而你又知道這一餐吃下來價格不菲，不妨小聲在他耳邊提醒一下，讓他心裡有個底，又不傷及面子。「當客人發現你推薦得好，又真心為他著想，他的心自然牢牢被你抓住。」這是累積數十年的心得經驗，而這套擄獲人心的本事，要靠察顏觀色和時時用心而來。

但鐘雅玲的貼心並不是無往不利的，她說：「我也曾經碰過好心建議客人，想幫他省點荷包，客人非但不領情，反而嗆聲：妳瞧不起我嗎？我又不是花不起錢！」那怎麼辦呢？「我就笑笑聽從客人的意見，不跟他爭，一次兩次之後，他發現我是對的，後來就懂得尊重專業了。」

鐘雅玲用真誠抓住顧客的心，對待屬下，她用的也是同一套方法。

餐廳打的是團隊戰，尤其忙碌的時候，更要彼此幫助，互相補位，鐘雅玲帶兵打仗多年，認為主管要盡量做到公平二字：「餐飲業是以人掛帥的行業，要讓員工同心同步向前行，一定要做到賞罰公平，才能服人心。」除此之外，她說還要「放情下去」。所謂放情，是指主動對人好，真心關懷別人。有機會不妨多請下屬吃飯喝咖啡，鐘雅玲一言以蔽之：「當主管就是要慷慨，而且不能偏私。」

有靈魂的服務

鐘雅玲不滿二十歲便已早早進入職場，工作數年後，曾經動念想再走進校園進修，那一年她三十二歲，進入欣葉工作六年，看餐廳生意蒸蒸日上，還有盈餘可供員工出國旅遊，鐘雅玲暗忖對公司及董事長都有了交代，可以安心追求自己的夢想，沒想到一場大火改變了一切。

那一夜是永遠無法抹去的記憶。鐘雅玲說：「我在半夜接到電話通知欣葉大火的消息，緊張到連滾帶跌爬下樓梯。到了現場，看到燒得面目全非的餐廳，兩條腿都軟了下去。」

因為不忍心在欣葉最脆弱的時候離開，最後她選擇留下，放棄自己的夢想。

多年之後回頭看來時路，鐘雅玲說自己沒有遺憾，因為日日埋首於工作，她獲得更多。「我從客人身上學到好多，大家認識多年，很多客人都熟得像朋友一樣，跟他們互動聊天，我吸收到的東西不比課堂上少。」她的客人從醫生、博士、教授、專業人士到上市公司老闆，往來無白丁，每天打開耳朵都可以聽到許多新鮮事，鐘雅玲雖不是秀才，待在餐廳一樣也能知天下事。

不過她和客人的良好互動，僅限於餐廳。出了餐廳大門，私下幾乎不聯絡。即使在餐廳，也絕不主動打探顧客私事：「如果客人願意說或遞名片給我，我就收下，但從不主動詢問，避免不必要的麻煩和流言。」她與人交往時也謹遵同樣分際：「儘量專注於每一個當下，不過分親密，但也不要太疏遠。」其中的分寸拿捏，幾乎可以視為是一種做人哲學。

「服務是美麗的舞蹈，到了最高境界時便成為一種藝術。」美國餐飲大亨丹尼梅爾曾在他的書上寫到：「餐桌上的一切講究都是為了替顧客製造樂趣，並期待客人的回應，但如果敷衍了事或自顧自地做著這些動作，不論動作多麼專業，都會降低美感，這是靈魂問題。」鐘雅玲服務了一輩子，始終熱愛這份工作，她每天早上七點起床，先聯絡相熟的市場，打聽一下有沒有新鮮又好的食材或野生魚鮮，如果有就請他們送去餐廳，那是她為老饕客人特別留意的好料。

上班前，她一定在家好好吃頓飯：親手煲的湯、快炒時蔬、清蒸魚。鐘雅玲說自己吃東西很注意，材料一定新鮮天然，料理手法簡單就好，「養殖的海鮮我幾乎不吃，要吃就吃野生新鮮的。」把肚子填飽，精神養好之後，再元氣滿滿地上班去。上午十一點準時進入餐廳，一路工作到晚上十一點才回家。她說自己來到餐廳就開心，看到這麼多老客人和老朋友，跟大家聊聊天，為他們服務，「這樣才不容易老人癡呆啊！」她半開玩笑說著。服務這檔事顯然早已融入她的生活，變成一種樂趣。

在我們這一路訪談過程中，鐘雅玲一直很忙，手機裡的訊息和電話紛至沓來從未停過，每十到十五分鐘就被打斷，這一頭她才搞定客人要訂的便當，另一端又有秘書打來要幫老闆訂席。她一面詢問訂席日期、人數，掛了電話馬上回撥給老闆，謝謝他的關照，順便討論一下菜單。然後又打回餐廳，交代外場安排包廂。她說話簡明扼要，不過份多禮，交代事情簡潔有力，喜歡教人如何把事情做得周全，看她處理事情，分派任務，調解紛爭，指揮若定，彷彿身上一下子長出許多隻手臂來。

趁她忙於聯絡之時，因為得空，我正好可以把視線投向她身後那一片窗景，晴朗的藍天下，河水像絲帶般蜿蜒，窗外有綠草如茵，有遊人漫步，有水鳥低飛……然後，我突然發現到了，早我一步走進會議室的鐘雅玲，在一開始就早早把全房間景觀最好的一個位置，預留給了我。

欣葉大事紀

事件

66 欣葉成立於雙城街19巷7號

67 擴大19巷5號

68 擴大21巷2號

70 日本新橋店開幕
呷哺呷哺開幕

72 創始店遷移現址

73 欣合葉重新營業

成就

74
欣葉食品冰棒傳統食品

76
仁愛店開幕

77
東王店啢呷鍋無煙碳烤

78
雙城店成立取代欣台葉

1989

出版員工刊物啃香

編訂員工服務手冊

實施員工教育訓練

舉辦員工韓國旅遊

80
成立總管理處

1992

世貿台菜、蒙古烤肉店開幕

編訂台菜服務標準手冊

82
建立採購配送倉儲系統

1993

開始電腦化，逐步建立各項系統

事件

成就

1994

(83) 口口串燒仁愛店

(84) 創始店重新整修

員工日本旅遊

1995

口口串燒修改為蒙古烤肉仁愛店

(85) 成立（株）欣葉日本
日本銀座店麥酒樓開幕

1996

台菜進駐新光三越南西店
日本台場店開幕

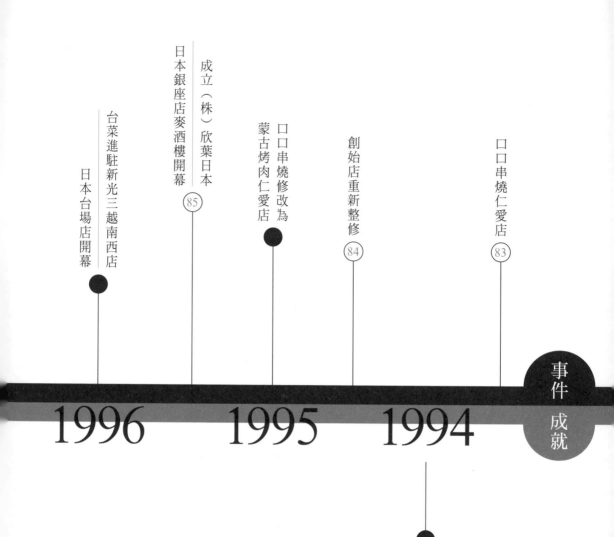

1997

新光三越台菜站前店開幕

台菜、蒙古烤肉桃園店開幕

CIS 企業形象識別系統完成資源整合

87

聘請傅培梅老師擔任廚藝顧問

財務健全化、整合資產制度化

1998

日本料理信義店開幕

舉辦員工年度研討會

勞基法規畫、執行

實施每月公休五日

各店安全設備落實

欣葉食譜中文版台菜精選料理

欣葉各系統的 Know-how

建立書面化、制度化

88

適用勞基法

建立內部控管制度

1999

日本料理桃園店開幕

舉辦捐血活動

九二一地震因應措施

落實營業計畫

專業人才的培訓

採購規格及各項作業標準的制定

事件

成就

89

日本食譜《本格台灣料理》

財務調整完成

2000

事件

日本小倉店開幕

台菜南西店重新開幕

日本料理中山店開幕

成就

積極開發各業種

海外事業的拓展與代理

開放員工入股

出版中文食譜《正宗台菜料理》

90

事件

日本東京迪斯尼店開幕

加入日本餐飲協會（JF）

成就

營運能力健全

2001

事件

日本料理桃園店改裝

推出端午節粽子禮盒

日本料理館前店開幕

聘請今泉老師擔任日本料理總監

台菜南西、台蔡戰前店推出下午茶

納莉颱風水災停電

自力供電維持營運正常

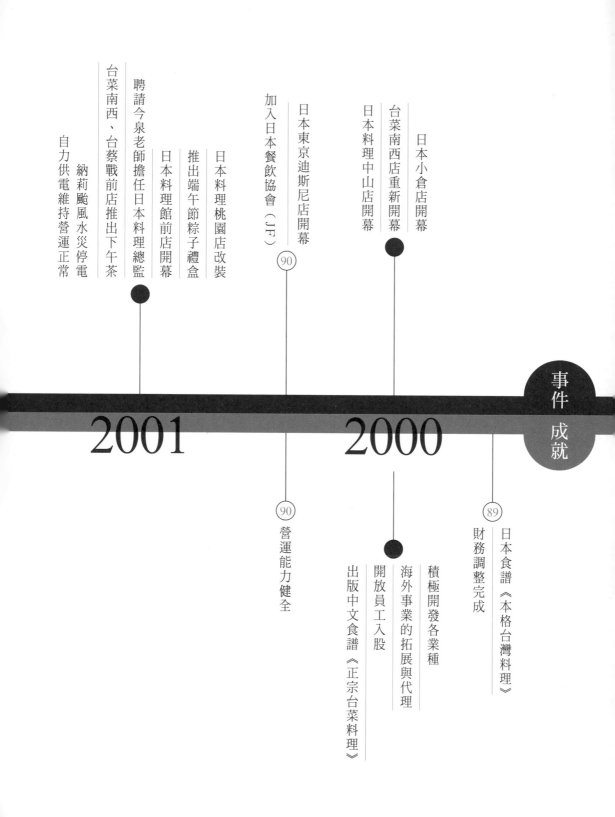

91
笹乃家信二館設櫃

市政府實施限水因應措施
日本料理信義店大改裝
咖哩匠館前店開幕
月餅禮盒上市
笹乃家轉移高島屋
成立滿意學院
咖哩匠中山店開幕

2002

台菜主管上海香港學習之旅
參加日本世博展及東北推廣展

92
台菜創始店、南西店獲頒「衛生自主管理認證」
日本料理中山店獲頒「生魚片衛生自主管理認證」

事件

成就

2003

與大成長城合作開活氣涮

台菜忠孝店開幕

舉辦第一屆欣葉幸福體驗營

欣葉台菜華航上菜

欣葉網站上線

咖哩匠SOGO店開幕

因應SARS施行應變方案獲市政府表揚

開啟二十四小時「我有話要說」客服電子信箱與客願流程

93

推出日式年菜

2004

舉辦第二屆欣葉幸福體驗營

導入中山工商建教合作班

笹乃家遠企開幕

認識欣葉手冊出版

成立展欣負責台灣欣葉對海外事業的拓展

建立台菜北京菜單標準食譜、成立開店籌備處

94 實施台菜品牌形象意見調查

94 進銷存上線

2005

訓練中心成立

台菜北京店開幕

舉辦第三屆欣葉幸福體驗營

實施勞退新制

人事薪資e化作業上線

遠見雜誌票選欣葉餐廳最佳進步獎

93 推出咖哩年菜

2006

儲備幹部培訓計畫

推出母親節聯合促銷一口酥心型禮盒

雙城會館重新開幕

舉辦第四屆幸福體驗營，贊助家扶中心學童

事件

三十週年影片開拍

咖哩環球購物中心開幕

北京欣葉小廚開幕

欣葉食藝軒台北一〇一開幕

台菜子品牌蔥花開始營運

舉辦第五屆幸福體驗營分國小國中組

參與美食月記者會

台菜廚藝競賽

日本料理信義店重新裝潢

97

咖哩忠孝店移出 SOGO 百貨，在忠孝東路重新開幕

2007

成就

96

開發台菜子品牌，伸展經營範圍

《欣葉心、台菜情》食譜書出版

與花蓮美崙飯店合作欣葉美饌

北京電視那小嘴欄目來訪

97

欣葉食藝軒台北一〇一、台菜創始店、呷哺呷哺獲飲食雜誌二〇〇八台北餐館評鑑

2008

林語堂故居舉行第二屆潤餅節

傳藝廚房啟用典禮

舉辦第六屆欣葉幸福體驗營

台菜新加坡亮閣店開幕

推出欣葉巧月餅在 7-11 販售

全面發放 10% 消費券

日本料理館前店獲二〇〇八～二〇〇九年 Miele guide（頂級美食亞洲飲食指南）台灣最佳五大餐廳

日本料理信義新天地 A11 獲台灣連鎖暨加盟協會選拔為二〇〇八全國商店優良店長暨傑出服務店長

二〇〇八飲食雜誌評鑑台北餐館欣葉食藝軒台北一〇一獲四星、台菜創始店獲三星、呷哺呷哺獲一星

2009

五常法參訪香港五常法協會，欣葉五常法正式開始

林語堂故居舉行第三屆潤餅節

咖哩匠七週年慶

日本料理中山店重新裝潢

舉辦第七屆欣葉幸福體驗營

與傅培梅飲食文化合作「書香菜香全家香」親子烹飪活動

八八水災菜脯義賣

台菜 A9 店開幕

台菜創始店「忠孝店」呷哺呷哺獲經濟部商業司二〇〇九台灣美食優質餐廳

與開平中學合辦第一屆開欣盃廚藝競賽

事件

成就

2010

99

林語堂故居舉行第四屆潤餅節

與開平中學合辦第二屆開欣盃

舉辦第八屆欣葉幸福體驗營

開平陳渭南師傅拜師大典

在欣葉食藝軒台北一〇一舉行二百五十人「完美的搭配」福壽酒會

舉辦兩天一夜全體員工旅遊

96

欣葉食藝軒台北一〇一、台菜創始店、呷哺呷哺獲飲食雜誌評鑑二〇一〇北台灣餐飲

100

欣葉台菜獲得二〇一〇~二〇一一年 Miele guide（頂級美食亞洲飲食指南）台灣最佳五大餐廳的首位

日本三一一海嘯欣葉菜脯義賣一百天共五百萬賑災

2011

赴香港光華中心舉辦潤餅節
林語堂故居舉行第五屆潤餅節
與開平中學合辦第三屆台菜開欣盃
與聯合報合辦瘋華語夏令營
舉辦第九屆欣葉幸福體驗營
咖哩中山店重新開幕
引進關係動力課程

欣葉食藝軒台北一〇一、台菜創始店、日料中山店、呷哺呷哺獲選經濟部商業司頒發二〇一一台灣美食優質名店
獲經濟部商業司頒發二〇一一國際展店傑出獎
開辦三天兩夜全體員工旅游
舉辦全員檢康檢查

2012

獲得二〇一一～二〇一二年 Miele guide（頂級美食亞洲飲食指南）台灣最佳五大餐廳
於林語堂故居舉行第六屆潤餅節

參與世界廚師節
於台北火車站贊助漢字文化節
咖哩匠十週年湯匙會開始招募會員
與開平中學合辦第四屆台菜開欣盃
台菜師傅與藍帶廚藝交流食材餐會
舉辦第十屆欣葉幸福體驗營
第一次欣葉對話平台

欣葉食藝軒台北一〇一獲二魚文化評鑑為二〇一二台灣餐館四顆星
員工出國旅遊福利
欣葉食藝軒台北一〇一、台菜創始店、日本料理中山店、呷哺呷哺獲選經濟部商業司頒發二〇一二台灣美食優質名店評選活動
台菜南西店獲得日本情侶客贈送感謝三一一紙鶴
於松山菸廠贊助古蹟夜宴
新加坡欣葉台菜周年慶推廣台菜

2013

事件

二〇一三台北迎新會——好彩頭餐會

欣葉食藝軒台北一〇一接待駐台大使

(102)

欣葉台菜長榮上菜

北投文物館舉行第七屆潤餅節

與開平中學合辦第五屆台菜開欣盃

舉辦第十一屆欣葉幸福體驗營（新住民）

赴美國行銷展演活動／紐約展演／紐約中央公園百年慶祝活動／芝加哥展演

日本料理健康店開幕設首間外賣店

欣葉小聚環球購物中心開幕

內場廚藝研習課程

推出金薑鳳梨酥

(103)

與開平中學合辦第六屆開欣盃廚藝競賽

咖哩匠北京新東安 apm 開店，年底閉店

成就

(101)

獲經濟部商業司頒發二〇一三國際展店傑出獎

公視台灣食堂紀錄片

員工出國旅遊福利

第二本日文食譜《傳承美味 欣葉台菜》由旭屋出版社出版

欣葉食藝軒台北一〇一、台菜創始店、忠孝店、信義A9店、南西店、日料中山店、信義A11、桃園店、呷哺呷哺、咖哩匠中山店獲選經濟部商業司頒發二〇一三台灣美食優質名店評選活動

(103)

欣葉台菜登上法航四月號十個旅遊台北的理由

2014

- 贊助第六屆亞洲營養師大會便當、潤餅、台菜介紹
- 日本料理館前店重新裝潢
- 舉辦第十二屆欣葉幸福體驗營（日本人會）
- 「傳承美味欣葉台菜」中文版上市
- 推出「培梅家宴欣葉再現」紀念傅老師逝世十週年
- 與香港唐宮成立合資公司金爸爸餐飲股份有限公司
- 上海欣葉台菜美食節記者發佈會
- Air France 法航機上雜誌推薦欣葉台菜「台北十大美食理由」
- 台菜地瓜稀飯、三杯雞、潤餅獲 CNN GO 推薦來台必吃四十五道料理

104

- 馬來西亞料理品牌——PappaRich 金爸爸首店開幕

2015

- 舉辦第一屆欣葉日料幸福體驗營
- 與開平中學合辦第七屆開欣盃廚藝競賽
- PappaRich 金爸爸二店在新光信義新天地開幕
- 欣葉食藝軒台北一〇一改裝
- 台菜地瓜稀飯、三杯雞、潤餅獲 CNN GO 推薦來台必吃四十道料理
- 台菜創始店、欣葉食藝軒台北一〇一入選英國 Where Chef Eat 主廚推薦餐廳
- 台菜刈包獲英國美食專家 Tom Parker Bowels 讚賞可以把法國麵包征服的三明治

2016

事件

105

欣葉小聚二店至林口三井購物中心開幕

欣葉小聚中國首店至青島嘉年華奧特萊斯開幕

舉辦第二屆欣葉日料幸福體驗營

日本料理第一屆壽司職人賞

與開平中學合辦第八屆開欣盃廚藝競賽

欣葉台菜中國首店在廈門思明區盤碁名品中心開幕

106

欣葉小聚三店至南港中信金融園區開幕

欣葉四十週年企業影片拍攝

成就

香港航空推出欣葉台菜機上餐

日本料理館前店獲自由時報台北吃到飽餐廳評比冠軍

欣葉食藝軒台北一〇一獲得法國 La Liste 全球 100 家最佳餐廳

台菜創始店入選北市「台北老味道」推薦餐廳

106

欣葉四十週年

欣葉四十週年影片開播

2017

PappaRich 金爸爸三店在至南港中信金融園區開幕

日本料理第二屆壽司職人賞

金爸爸第一屆拋餅大賽

台菜第九屆開欣盃廚藝競賽

日本料理桃園店遷址至同德路中茂新天地

欣葉食藝軒台北一〇一二度入選法國La Liste 全球 100 家最佳餐廳

獲選台北市國稅局優良納稅企業，三年免查稅

107

代理唐宮品牌——唐點小聚首店在市民大道盛大開幕

107

欣葉食藝軒台北一〇一獲選二〇一八大眾點評餐廳指南黑珍珠一鑽

2018

欣葉台菜創始店獲得二〇一八米其林餐盤推薦

欣葉四十週年影片獲 The US International Film&Festival 優選

欣葉四十週年影片獲坎城影展企業影片類銀獎

餐桌的力量

真情、用心、知味，四十年不變的欣葉食藝學

口　述　李秀英、李鴻鈞
撰　文　錢嘉琪
編　輯　徐詩淵
美術設計　黃珮瑜
編輯協力　鍾宜芳

發行人　程顯灝
總編輯　呂增娣
主　編　徐詩淵
編　輯　林憶欣、黃莛勻
　　　　林宜靜、鍾宜芳
美術主編　劉錦堂
美術編輯　黃珮瑜
行銷總監　呂增慧
資深行銷　謝儀方、吳孟蓉
發行部　侯莉莉
財務部　許麗娟、陳美齡
印　務　許丁財
出版者　四塊玉文創有限公司

總代理　三友圖書有限公司
地　址　一〇六台北市大安區安和路二段二一三號四樓
電　話　(02) 2377-4155
傳　真　(02) 2377-4355
E-mail　service@sanyau.com.tw
郵政劃撥　05844889 三友圖書有限公司

總經銷　大和書報圖書股份有限公司
地　址　新北市新莊區五工五路二號
電　話　(02) 8990-2588
傳　真　(02) 2299-7900

製版印刷　卡樂彩色製版印刷有限公司

初　版　二〇一九年三月
定　價　新台幣四〇〇元
ISBN　978-957-8587-45-8（平裝）

國家圖書館出版品預行編目(CIP)資料

餐桌的力量：真情、用心、知味，四十年不變的欣葉食藝學 / 李秀英、李鴻鈞 作/錢嘉琪 撰文. -- 初版. -- 臺北市：四塊玉文創, 2019.03
面；　公分

ISBN 978-957-8587-45-8（平裝）

1. 餐飲

483.8　　107016602

SANYAU
http://www.ju-zi.com.tw
三友圖書
友直 友諒 友多聞

【黏貼處】對折後寄回，謝謝。

親愛的讀者：
感謝您購買《餐桌的力量：真情、用心、知味，四十年不變的欣葉食藝學》一書，為感謝您對本書的支持與愛護，只要填妥本回函，並寄回本社，即可成為三友圖書會員，將定期提供新書資訊及各種優惠給您。

姓名 ________________ 出生年月日 ________________
電話 ________________ E-mail ________________
通訊地址 ________________
臉書帳號 ________________
部落格名稱 ________________

1 年齡
□ 18 歲以下 □ 19 歲～ 25 歲 □ 26 歲～ 35 歲 □ 36 歲～ 45 歲 □ 46 歲～ 55 歲
□ 56 歲～ 65 歲 □ 66 歲～ 75 歲 □ 76 歲～ 85 歲 □ 86 歲以上

2 職業
□軍公教 □工 □商 □自由業 □服務業 □農林漁牧業 □家管 □學生
□其他 ________________

3 您從何處購得本書？
□博客來 □金石堂網書 □讀冊 □誠品網書 □其他 ________________
□實體書店 ________________

4 您從何處得知本書？
□博客來 □金石堂網書 □讀冊 □誠品網書 □其他 ________________
□實體書店 ________________ □ FB（四塊玉文創 / 橘子文化 / 食為天文創 三友圖書 - 微胖男女編輯社）
□好好刊（雙月刊） □朋友推薦 □廣播媒體

5 您購買本書的因素有哪些？（可複選）
□作者 □內容 □圖片 □版面編排 □其他 ________________

6 您覺得本書的封面設計如何？
□非常滿意 □滿意 □普通 □很差 □其他 ________________

7 非常感謝您購買此書，您還對哪些主題有興趣？（可複選）
□中西食譜 □點心烘焙 □飲品類 □旅遊 □養生保健 □瘦身美妝 □手作 □寵物
□商業理財 □心靈療癒 □小說 □其他 ________________

8 您每個月的購書預算為多少金額？
□ 1,000 元以下 □ 1,001 ～ 2,000 元 □ 2,001 ～ 3,000 元 □ 3,001 ～ 4,000 元
□ 4,001 ～ 5,000 元 □ 5,001 元以上

9 若出版的書籍搭配贈品活動，您比較喜歡哪一類型的贈品？（可選 2 種）
□食品調味類 □鍋具類 □家電用品類 □書籍類 □生活用品類 □ DIY 手作類
□交通票券類 □展演活動票券類 □其他 ________________

10 您認為本書尚需改進之處？以及對我們的意見？

____

感謝您的填寫，您寶貴的建議是我們進步的動力！

【黏貼處】對折後寄回，謝謝。